영재학급, 영재교육원,
경시대회 준비를 위한

창의사고력
초등수학

팩토

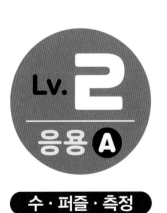

Lv. **2**

응용 **A**

수 · 퍼즐 · 측정

머리말

서로 다른 펜토미노 조각 퍼즐을 맞추어
직사각형 모양을 만들어 본 경험이 있는지요?

한참을 고민하여 스스로 완성한 후 느끼는 행복은 꼭 말로 표현하지 않아도 알겠지요.
퍼즐 놀이를 했을 뿐인데, 여러분은 펜토미노 12조각을 어느 사이에 모두 외워버리게
된답니다. 또 보도블록을 보면서 조각 맞추기를 하고, 화장실 바닥과 벽면의 조각들을
보면서 멋진 퍼즐을 스스로 만들기도 한답니다.
이 과정에서 공간에 대한 감각과 또 다른 퍼즐 문제, 도형 맞추기, 도형 나누기 에 대한
자신감도 생기게 되지요. 완성했다는 행복감보다 더 큰 자신감과 수학에 대한 흥미가
생기게 되는 것입니다.

팩토가 만드는 창의사고력 수학은 바로 이런 것입니다.

수학 문제를 한 문제 풀었을 뿐인데, 그 결과는 기대 이상으로 여러분을 행복하게
해줍니다. 학교에서도 친구들과 다른 멋진 방법으로 문제를 해결할 수 있고, 중학생이
되어서는 더 큰 꿈을 이루는 밑거름이 되어 줄 것입니다.
물론 고민하고, 시행착오를 반복하는 것은 퍼즐을 맞추는 것과 같이 여러분들의
몫입니다. 팩토는 여러분에게 생각할 수 있는 기회를 주고, 그 과정에서 포기하지
않도록 여러분들을 도와주는 친구가 되어줄 것입니다.
자 그럼 시작해 볼까요?

Contents

구성과 특징

📖 **팩토를 공부하기 前 » 진단평가**

진단평가
바로가기

유치부 진단평가	초등1 진단평가	초등2 진단평가	초등3 진단평가	초등4 진단평가	초등5 진단평가	초등6 진단평가
다운로드	다운로드	다운로드	다운로드	다운로드	다운로드	다운로드

1 매스티안 홈페이지 www.mathtian.com의 교재 자료실에서 해당 학년의 진단평가 시험지와 정답지를 다운로드 하여 출력한 후 정해진 시간 안에 풀어 봅니다.

2 학부모님 또는 선생님이 정답지를 참고하여 채점하고 채점한 결과를 홈페이지에 입력한 후 팩토 교재 추천을 받습니다.

📖 **팩토를 공부하는 방법**

① 대표 유형 익히기

대표 유형 문제를 해결하는 사고의 흐름을 단계별로 전개하였고, 반복 수행을 통해 효과적으로 유형을 습득할 수 있습니다.

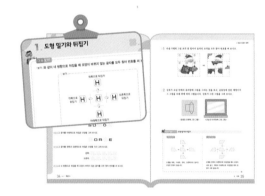

② 실력 키우기

유형별 학습이 가장 놓치기 쉬운 주제 통합형 문제를 수록하여 내실 있는 마무리 학습을 할 수 있습니다.

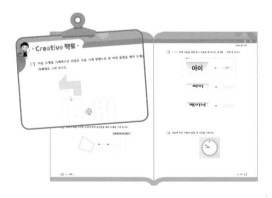

③ 경시대회 대비

각 주제의 대표적인 경시대회 대비, 심화 문제를 담았습니다.

④ 영재교육원 대비

영재교육원 선발 문제인 영재성 검사를 경험할 수 있는 개방형·다답형 문제를 담았습니다.

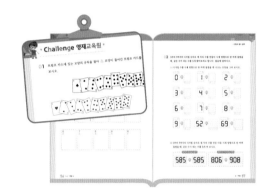

⑤ 명확한 정답 & 친절한 풀이

채점하기 편하게 직관적으로 정답을 구성하였고, 틀린 문제를 이해하거나 다양한 접근을 할 수 있도록 친절하게 풀이를 담았습니다.

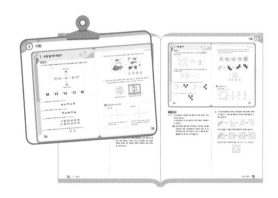

📖 팩토를 공부하고 난 後 » 형성평가·총괄평가

1 팩토 교재의 부록으로 제공된 형성평가와 총괄평가를 정해진 시간 안에 풀어 봅니다.

2 학부모님 또는 선생님이 정답지를 참고하여 채점하고 채점한 결과를 매스티안 홈페이지 www.mathtian.com에 입력한 후 학습 성취도와 다음에 공부할 팩토 교재 추천을 받습니다.

Ⅰ
수

✅ 학습 Planner

계획한 대로 공부한 날은 😃 에, 공부하지 못한 날은 😞 에 ◯표 하세요.

공부할 내용	공부할 날짜		확 인	
1 수와 숫자의 개수	월	일	😃	😞
2 수의 크기를 나타내는 식	월	일	😃	😞
3 숫자 카드로 수 만들기	월	일	😃	😞
Creative 팩토	월	일	😃	😞
4 숫자가 가려진 수의 크기 비교	월	일	😃	😞
5 몇째 번 수 만들기	월	일	😃	😞
6 조건에 맞는 수	월	일	😃	😞
Creative 팩토	월	일	😃	😞
Perfect 경시대회	월	일	😃	😞
Challenge 영재교육원	월	일	😃	😞

1. 수와 숫자의 개수

진희는 가지고 있는 동화책의 4쪽부터 39쪽까지 읽었습니다. 진희가 읽은 동화책의 쪽수 중 숫자 2가 적혀 있는 수는 모두 몇 개인지 구해 보시오.

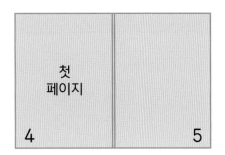

...

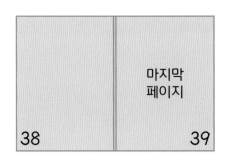

> STEP 1 진희가 읽은 동화책의 쪽수 중 일의 자리 숫자가 2인 수를 모두 찾아 써 보시오.

> STEP 2 진희가 읽은 동화책의 쪽수 중 십의 자리 숫자가 2인 수를 모두 찾아 써 보시오.

> STEP 3 STEP 1과 STEP 2에서 찾은 수 중 겹치는 수를 찾아 써 보시오.

> STEP 4 진희가 읽은 동화책의 쪽수 중 숫자 2가 적혀 있는 수는 모두 몇 개입니까?

01 마라톤 대회에 참가한 100명의 학생은 1번부터 100번까지 번호를 등에 붙였습니다. 숫자 9가 적힌 번호를 붙인 학생은 몇 명인지 구해 보시오.

02 다음은 선호가 만든 어느 해의 2월 달력입니다. 선호가 3월 달력을 만들려고 할 때, 숫자 3은 모두 몇 번 쓰게 되는지 구해 보시오.

 **Lecture** ⋯ 수와 숫자의 개수

- 수는 0부터 9까지의 숫자로 이루어져 있습니다.
- 68은 숫자 6과 숫자 8로 이루어진 1개의 두 자리 수입니다.
- 0부터 49까지의 수에서 숫자 1이 모두 몇 번 쓰이는지 알아보면 다음과 같습니다.

숫자 1이 들어간 수	숫자 1이 쓰인 횟수
1, 10, 11, 12, 13, 14, 15, 16, 17, 18, 19, 21, 31, 41	15번

2. 수의 크기를 나타내는 식

대표 문제

■ 안에 공통으로 들어갈 수 있는 수를 모두 구해 보시오.

> · 12 － ■ > 6
>
> · 27 ＋ ■ > 30

> **STEP 1** 12－6＝6입니다. 12－■ > 6에서 ■ 안에 들어갈 수 있는 수를 모두 찾아 ○표 하시오.

> 0, 1, 2, 3, 4, 5, 6, 7, 8, 9, 10, 11, 12

> **STEP 2** 27＋3＝30입니다. 27＋■ > 30에서 ■ 안에 들어갈 수 있는 수를 모두 찾아 ○표 하시오.

> 0, 1, 2, 3, 4, 5, 6, 7, 8, 9, 10…

> **STEP 3** STEP 1과 STEP 2에서 공통으로 ○표 한 수를 찾아 ■ 안에 공통으로 들어갈 수 있는 수를 모두 구해 보시오.

▶정답과 풀이 3쪽

01 ● 안에 공통으로 들어갈 수 있는 수는 모두 몇 개인지 구해 보시오.

> ・12＋● ＜ 20
>
> ・5I － ● ＜ 48

02 ★ 안에 들어갈 수 있는 수의 합을 구해 보시오.

> 32 ＜ I★＋I7 ＜ 36

Lecture ··· 수의 크기를 나타내는 식

수의 크기는 부등호를 사용한 식으로 나타냅니다.

① ▲은 2보다 큽니다. ➡ 2 ＜ ▲

② ▲은 8보다 작습니다. ➡ ▲ ＜ 8

③ ▲은 2보다 크고 8보다 작습니다. ➡ 2 ＜ ▲ ＜ 8

3. 숫자 카드로 수 만들기

대표 문제

주어진 4장의 숫자 카드 중 2장을 사용하여 만들 수 있는 서로 다른 두 자리 수를 모두 써 보시오.

| 0 | 4 | 4 | 9 |

> **STEP 1** 만들 수 있는 두 자리 수의 십의 자리에 들어갈 수 있는 수를 모두 써 보시오.

> **STEP 2** 십의 자리 숫자가 4일 때, 만들 수 있는 두 자리 수를 모두 써 보시오.

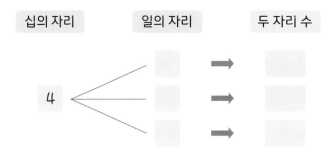

> **STEP 3** 십의 자리 숫자가 9일 때, 만들 수 있는 두 자리 수를 모두 써 보시오.

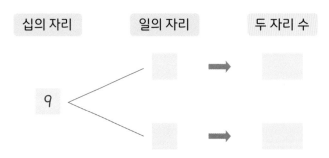

> **STEP 4** 만들 수 있는 서로 다른 두 자리 수를 모두 써 보시오.

01 주어진 3장의 숫자 카드 중 2장을 사용하여 만들 수 있는 두 자리 수 중에서 짝수 들의 합을 구해 보시오.

| 2 | 5 | 8 |

02 주어진 4장의 숫자 카드 중 2장을 사용하여 만들 수 있는 두 자리 수 중에서 10 보다 크고 30보다 작은 수는 모두 몇 개인지 구해 보시오.

| 0 | 1 | 2 | 3 |

Lecture ··· 숫자 카드로 수 만들기

다음은 3장의 숫자 카드 1 , 4 , 7 로 만들 수 있는 수입니다.

① 숫자 카드로 만든 한 자리 수: 1, 4, 7
② 숫자 카드로 만든 두 자리 수: 14, 17, 41, 47, 71, 74
③ 숫자 카드로 만든 세 자리 수: 147, 174, 417, 471, 714, 741

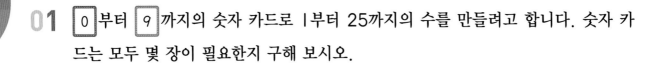

01  부터 9 까지의 숫자 카드로 1부터 25까지의 수를 만들려고 합니다. 숫자 카드는 모두 몇 장이 필요한지 구해 보시오.

1 , 2 , 3 , 4 , 5 , 6 , 7 , 8 , 9 ,

1 0 , 1 1 , 1 2 …

02 컴퓨터에 13을 쓰려면 키보드의 1과 3을 눌러야 하기 때문에 키보드를 두 번 눌러야 합니다. 1부터 35까지의 수를 컴퓨터에 쓴다면 키보드를 몇 번 눌러야 하는지 구해 보시오. (단, 수와 수 사이에 띄어쓰기는 하지 않습니다.)

03 주어진 4장의 숫자 카드 중 3장을 사용하여 만들 수 있는 세 자리 수 중에서 홀수는 모두 몇 개인지 구해 보시오.

| 0 | 1 | 4 | 9 |

04 █ 안에 들어갈 수 있는 수를 모두 더한 값을 구해 보시오.

$$80 < 2\ \blacksquare\ + 57 < 95$$

05 안에 공통으로 들어갈 수 있는 수 중에서 가장 큰 수를 구해 보시오.

- 14 < 32 −
- 35 < 20 +

06 주어진 4장의 숫자 카드 중 3장을 사용하여 세 자리 수를 만들려고 합니다. 만들 수 있는 수 중에서 790보다 큰 수는 모두 몇 개인지 구해 보시오.

| 7 | 9 | 3 | 0 |

07 주어진 6장의 숫자 카드 중 2장을 사용하여 만들 수 있는 두 자리 수 중에서 십의 자리 수와 일의 자리 수의 곱이 6인 수는 모두 몇 개인지 구해 보시오.

| 1 | 2 | 3 | 4 | 5 | 6 |

08 예준이는 거실에 자신의 생일을 알려주는 게시판을 만들었습니다. |보기|와 같이 숫자 카드를 사용하여 생일이 며칠 남았는지 보여주려고 할 때, 예준이의 생일 60일 전부터 생일 전날까지 |4|는 모두 몇 번 사용하게 되는지 구해 보시오.

| 보기 |

| 6 | 0 | 일 전 | 5 | 9 | 일 전   … | 2 | 일 전 | 1 | 일 전

4. 숫자가 가려진 수의 크기 비교

수종이와 친구들이 모은 우표의 수를 나타낸 표입니다. 그런데 몇 개의 숫자가 가려져서 보이지 않습니다. 가려진 숫자가 모두 다를 때 세윤, 현희, 연수가 모은 우표의 수를 각각 구해 보시오.

이름	수종	세윤	현희	연수
우표의 수(장)	221	2●3	★93	19◆
많이 모은 순서	1	2	3	4

STEP 1 현희는 수종이보다 우표를 더 적게 모았습니다. 현희가 모은 우표의 수에서 백의 자리 숫자를 구하고, 현희가 모은 우표의 수를 써 보시오.

$$221 > ★93 \implies ★ = \boxed{}$$

STEP 2 세윤이가 모은 우표의 수에서 십의 자리에 들어갈 수 있는 숫자를 모두 찾아 써 보시오.

$$221 > 2●3 \implies ● = \boxed{}, \boxed{}$$

STEP 3 가려진 숫자는 모두 다릅니다. **STEP 1**과 **STEP 2**를 이용하여 세윤이가 모은 우표의 수를 써 보시오.

STEP 4 연수가 모은 우표의 수에서 일의 자리에 들어갈 수 있는 숫자를 모두 찾아 써 보시오.

$$★93 > 19◆ \implies ◆ = \boxed{}, \boxed{}, \boxed{}$$

STEP 5 가려진 숫자는 모두 다릅니다. **STEP 1**과 **STEP 4**를 이용하여 연수가 모은 우표의 수를 써 보시오.

01 태민이와 친구들이 접은 종이학의 수를 나타낸 표입니다. 몇 개의 숫자가 지워져서 보이지 않습니다. 태민, 석현, 하빈, 지민이의 순서로 종이학을 많이 접었다면 태민이와 하빈이가 접은 종이학은 각각 몇 개인지 구해 보시오.

이름	태민	석현	하빈	지민
종이학의 수(개)	20▨	2▨8	1▨2	187

02 주어진 숫자 카드를 모두 사용하여 수의 크기에 맞게 식을 완성해 보시오.

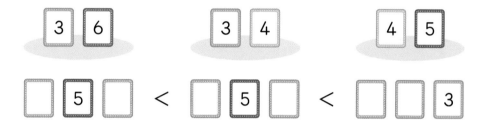

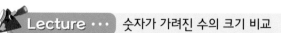

Lecture ••• 숫자가 가려진 수의 크기 비교

숫자가 가려진 수의 크기를 비교할 경우 다음과 같은 방법으로 가려진 숫자를 구해 봅니다.

$$18■ < 181 < 1●0$$

STEP1 $18■ < 181 < 1●0$
180 = 180
■ <   1 → ■ = 0

➡

STEP2 $18■ < 181 < 1●0$
100 = 100
81 < ●0 → ● = 9

따라서 ■ = 0, ● = 9입니다.

5. 몇째 번 수 만들기

서로 다른 3장의 숫자 카드 중 2장을 사용하여 두 자리 수를 만들었습니다. 만든 수를 큰 순서대로 쓰면 다음과 같습니다. 만든 수 중에서 가장 큰 수와 가장 작은 수를 각각 구해 보시오.

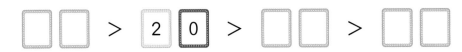

> **STEP 1** 20보다 작은 두 자리 수의 십의 자리에 알맞은 숫자를 써넣으시오.

> **STEP 2** 서로 다른 3장의 숫자 카드 중 모르는 한 장의 숫자 카드에 적힌 숫자를 써 보시오.

> **STEP 3** 3장의 숫자 카드 중 2장을 사용하여 다음 식을 완성하고, 만든 수 중에서 가장 큰 수와 가장 작은 수를 각각 구해 보시오.

□□ > 2 0 > □□ > □□

01 주어진 4장의 숫자 카드 중 2장을 사용하여 만들 수 있는 두 자리 수 중에서 둘째 번으로 큰 수와 둘째 번으로 작은 수의 합을 구해 보시오.

02 서로 다른 3장의 숫자 카드 중 2장을 사용하여 두 자리 수를 만들었습니다. 만든 수 중에서 둘째 번으로 작은 수가 79일 때, 3장의 숫자 카드에 적힌 숫자를 모두 구해 보시오.

Lecture ··· 몇째 번 수 만들기

0 , 1 , 4 3장의 숫자 카드 중 2장을 사용하여 두 자리 수를 만들고 수의 크기를 나타내면 다음과 같습니다.

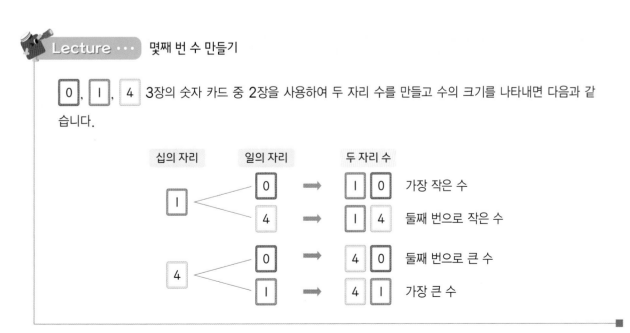

6. 조건에 맞는 수

대표 문제

★, ◆, ●은 서로 다른 숫자를 나타낼 때, 조건에 맞는 세 자리 수 ★◆●을 구해 보시오.

조건

① $100 < ★◆● < 200$

② $★ × 3 = ◆$

③ $★ + ◆ + ● = 9$

STEP 1 조건 ①에서 세 자리 수 ★◆●은 100보다 크고 200보다 작습니다. ★이 나타내는 숫자를 구해 보시오.

STEP 2 STEP 1을 이용하여 조건 ②의 ★ × 3 = ◆에서 ◆이 나타내는 숫자를 구해 보시오.

STEP 3 STEP 1, STEP 2를 이용하여 조건 ③의 ★ + ◆ + ● = 9에서 ●이 나타내는 숫자를 구해 보시오.

STEP 4 조건에 맞는 세 자리 수를 구해 보시오.

01 다음 질문과 답을 보고 알맞은 두 자리 수를 구해 보시오.

질문	답
70보다 큰 수입니까?	예
십의 자리 수와 일의 자리 수 중 어느 것이 더 큽니까?	일의 자리 수
십의 자리 수와 일의 자리 수의 합은 얼마입니까?	15

02 다음 |조건|을 만족하는 세 자리 수를 모두 구해 보시오.

┤ 조건 ├

· 300보다 크고 400보다 작은 홀수입니다.

· 숫자 0이 들어갑니다.

· 각 자리의 숫자가 모두 다릅니다.

Lecture ··· 조건에 맞는 수

10부터 40까지의 두 자리 수 중에서 다음과 같은 조건에 맞는 수를 찾아볼 수 있습니다.

| 조건 1 | 각 자리 숫자들이 같은 수 | ➡ | 11, 22, 33 |

| 조건 2 | 십의 자리 숫자가 1인 짝수 | ➡ | 10, 12, 14, 16, 18 |

| 조건 3 | 십의 자리 수와 일의 자리 수의 합이 3인 수 | ➡ | 12, 21, 30 |

* Creative 팩토 *

01 수영이와 친구들이 훌라후프를 돌린 횟수를 나타낸 표입니다. 우혁, 수영, 현빈, 민지 순서로 훌라후프를 많이 돌렸습니다. 　 안에 알맞은 숫자를 써넣으시오.

이름	수영	우혁	민지	현빈
훌라후프 돌린 횟수(번)	281	2 　 0	94	28

Key Point
2 　 0 > 281 > 28 　 > 　 94

02 0부터 9까지의 숫자가 적힌 10장의 숫자 카드 중 3장을 골라 모두 사용하여 세 자리 수를 만들려고 합니다. 만들 수 있는 세 자리 수 중에서 다섯째 번으로 작은 수를 구해 보시오.

03 주어진 4장의 숫자 카드 중 2장을 사용하여 두 자리 수를 만들었습니다. 만든 수 중에서 셋째 번으로 작은 수가 12일 때, 뒤집힌 숫자 카드에 적힌 숫자를 구해 보시오.

| 1 | 2 | 0 | |

04 ●, ▲, ■은 서로 다른 숫자를 나타낼 때, 조건을 만족하는 세 자리 수 ●▲■을 모두 구해 보시오.

조건
• ● × ▲ × ■ = 6
• ●▲■은 짝수입니다.

05 ⌊Ⅰ⌋부터 ⌊9⌋까지의 9장의 숫자 카드를 슬기, 준우, 바다가 3장씩 나누어 가졌습니다. 각자 가져간 숫자 카드로 세 자리 수를 만든 다음, 숫자 카드를 한 장씩 뒤집어 놓았습니다. 만든 수가 큰 순서대로 이름을 써 보시오.

<슬기>　　　　　<준우>　　　　　<바다>

06 다음 |조건|을 만족하는 세 자리 수를 모두 구해 보시오.

┤ 조건 ├

• 홀수입니다.

• 십의 자리 숫자는 가장 큰 한 자리 홀수입니다.

• 세 자리 수의 백의 자리 숫자와 일의 자리 숫자를 바꾸어 써도 처음 수와 같은 수입니다.

Key Point

Ⅰ0Ⅰ, 232와 같이 세 자리 수의 백의 자리 숫자와 일의 자리 숫자가 같으면 서로 바꾸어 써도 처음 수와 같은 수가 됩니다.

07 주원이와 준서가 0부터 9까지의 숫자 카드 중 서로 다른 숫자 카드를 각각 3장씩 나누어 가졌습니다. 다음은 나누어 가진 3장의 숫자 카드 중 2장을 사용하여 두 자리 수를 만들었을 때, 주원이가 만든 수 중에서 둘째 번으로 큰 수와 준서가 만든 수 중에서 둘째 번으로 작은 수를 나타낸 것입니다. 물음에 답해 보시오.

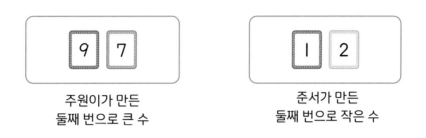

주원이가 만든
둘째 번으로 큰 수

준서가 만든
둘째 번으로 작은 수

(1) 주원이와 준서가 가진 숫자 카드에 적힌 숫자를 각각 구해 보시오.

주원이가 가진 숫자 카드

준서가 가진 숫자 카드

(2) 주원이와 준서는 숫자 카드를 한 장씩 바꾸어 가졌습니다. 3장의 숫자 카드를 모두 사용하여 세 자리 수를 만들었을 때, 주원이가 만든 가장 큰 수가 971이 었다면 준서가 만들 수 있는 가장 작은 수를 구해 보시오.

* Perfect 경시대회 *

01 100부터 300까지의 세 자리 수 중에서 숫자 0이 한 번만 쓰인 수는 모두 몇 개인지 구해 보시오.

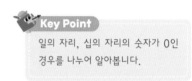

Key Point
일의 자리, 십의 자리의 숫자가 0인 경우를 나누어 알아봅니다.

02 400보다 크고 500보다 작은 세 자리 수 중에서 |보기|와 같이 백의 자리 수보다 십의 자리 수가 더 크고, 십의 자리 수보다 일의 자리 수가 더 큰 수는 모두 몇 개인지 구해 보시오.

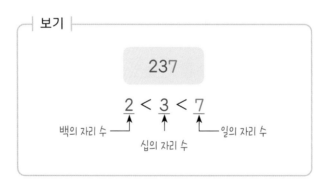

|보기|

237

$\underline{2} < \underline{3} < \underline{7}$

백의 자리 수 ——↑   ↑   ↑—— 일의 자리 수
         십의 자리 수

> 정답과 풀이 12쪽

03 구슬의 숫자를 두 번까지 사용하여 만들 수 있는 두 자리 수 중에서 일의 자리 수와 십의 자리 수의 합이 6인 수는 모두 몇 개인지 구해 보시오.

04 다음 |조건|에 맞는 세 자리 수를 모두 구해 보시오.

┤ 조건 ├

• 짝수입니다.
• 일의 자리 숫자와 십의 자리 숫자를 바꾸어 만든 수는 처음 수보다 9만큼 더 작습니다.
• 백의 자리 숫자와 십의 자리 숫자를 바꾸어 만든 수는 처음 수보다 90만큼 더 작습니다.

* Challenge 영재교육원 *

01 주어진 수에서 막대 1개를 옮겨서 만들 수 있는 서로 다른 두 자리 수를 모두 만든 다음 가장 큰 수에 ○표 하시오. 🖨 온라인 활동지

보기

38 → 28, 58, 96, ⊙99⊙, 90

65 → 88, 88,
88, 88

93 → 88, 88, 88,
88, 88

02 | 보기 |와 같이 숫자 카드를 모두 사용하여 조건에 맞는 수를 여러 가지 방법으로 만들어 보시오.

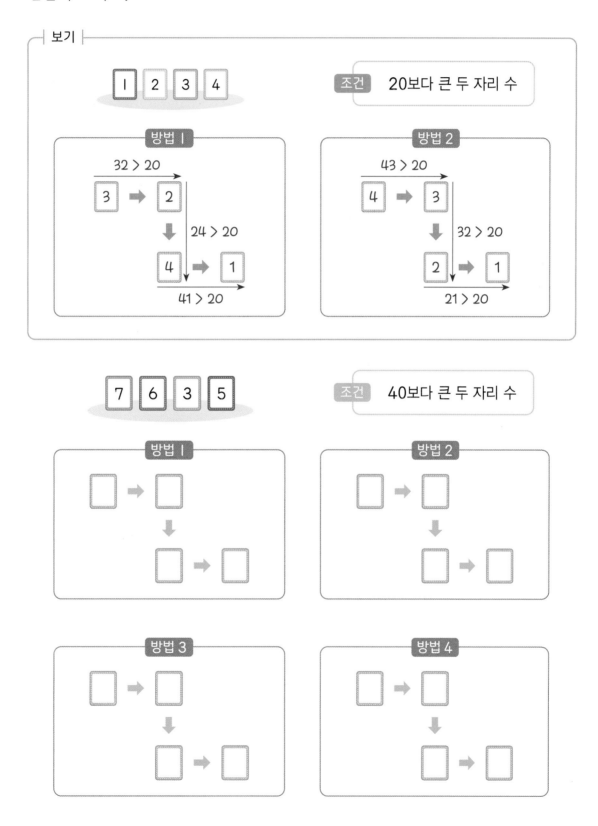

Ⅱ

퍼즐

✔ 학습 Planner

계획한 대로 공부한 날은  에, 공부하지 못한 날은 😧 에 ◯표 하세요.

공부할 내용	공부할 날짜		확 인	
1 노노그램	월	일	😃	😧
2 브릿지 퍼즐	월	일	😃	😧
3 스도쿠	월	일	😃	😧
Creative 팩토	월	일	😃	😧
4 폭탄 제거 퍼즐	월	일	😃	😧
5 가쿠로 퍼즐	월	일	😃	😧
6 체인지 퍼즐	월	일	😃	😧
Creative 팩토	월	일	😃	😧
Perfect 경시대회	월	일	😃	😧
Challenge 영재교육원	월	일	😃	😧

1. 노노그램

대표문제

노노그램의 |규칙|에 따라 빈칸을 알맞게 색칠해 보시오.

┌─ 규칙 ├─────────────────────────────

① 위에 있는 수는 세로줄에 연속하여 색칠된 칸의 수를 나타냅니다.

② 왼쪽에 있는 수는 가로줄에 연속하여 색칠된 칸의 수를 나타냅니다.

	2	3	4	5	1
1					
2					
4					
5					
3					

▶ **STEP 1** 위와 왼쪽에 ⑤ 가 쓰인 줄은 반드시 모두 채워야 합니다. 반드시 채워야 하는 칸을 색칠해 보시오.

▶ **STEP 2** 위와 왼쪽에 ① 이 쓰인 줄은 색칠된 1칸 이외의 칸을 색칠할 수 없습니다. 색칠할 수 없는 칸에 ✕표 하시오.

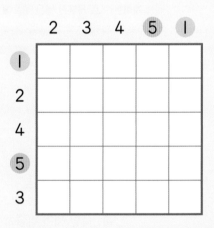

▶ **STEP 3** 위와 왼쪽에 남은 수 중 4, 2, 3이 쓰인 줄의 순서로 나머지 칸을 알맞게 색칠해 보시오.

01 노노그램의 | 규칙 | 에 따라 빈칸을 알맞게 색칠해 보시오.

┤ 규칙 ├

① 위에 있는 수는 세로줄에 연속하여 색칠된 칸의 수를 나타냅니다.

② 왼쪽에 있는 수는 가로줄에 연속하여 색칠된 칸의 수를 나타냅니다.

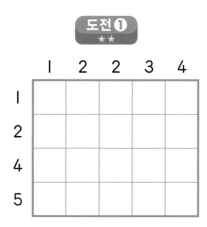

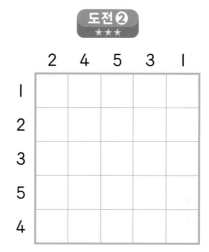

Lecture ··· 노노그램의 규칙

① 위에 있는 수는 세로줄에 연속하여 색칠된 칸의
수를 나타냅니다.

	2	3	1
3	1칸	1칸	1칸
2	2칸	2칸	
1		3칸	

② 왼쪽에 있는 수는 가로줄에 연속하여 색칠된 칸의
수를 나타냅니다.

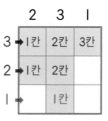

2. 브릿지 퍼즐

브릿지 퍼즐의 |규칙|에 따라 선을 알맞게 그어 보시오.

> 규칙

⬤에 적힌 수는 이웃한 ⬤와 연결된 선(──)의 개수입니다.

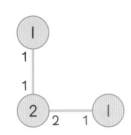

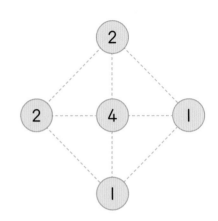

STEP 1 모든 선을 그어야 하는 수를 찾아 선을 그어 보시오.

STEP 2 더 이상 선을 그을 수 <u>없는</u> 수를 찾아 점선 위에 ✕표 하시오.

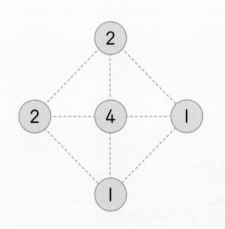

STEP 3 나머지 수에 알맞게 선을 그어 보시오.

01 브릿지 퍼즐의 |규칙|에 따라 선을 알맞게 그어 보시오.

┌ 규칙 ├────────────────────────────┐
│ ① ◯에 적힌 수는 이웃한 ◯와 연결된 선(──)의 개수입니다.
│ ② ◯들은 1개의 선 또는 2개의 선으로 연결될 수 있습니다.
└──────────────────────────────────┘

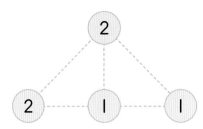

도전❶
★★

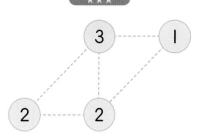

도전❷
★★★

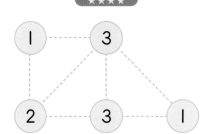

도전❸
★★★★

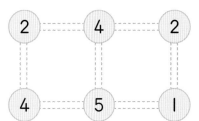

도전❹
★★★★★

Lecture ··· 브릿지 퍼즐의 규칙

◯에 적힌 수는 이웃한 ◯와 연결된 선(──)의 개수입니다.

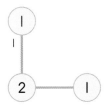
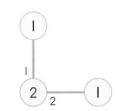
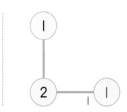

3. 스도쿠

스도쿠의 규칙에 따라 빈칸에 알맞은 수를 써넣으시오.

규칙

① 가로줄의 각 칸에 주어진 수가 한 번씩만 들어갑니다.

② 세로줄의 각 칸에 주어진 수가 한 번씩만 들어갑니다.

③ 굵은 선으로 나누어진 부분의 각 칸에 주어진 수가 한 번씩만 들어갑니다.

1, 2, 3, 4

	3	4	1
	4		
4		2	3

STEP 1 색칠한 가로줄의 빈칸에 알맞은 수를 써넣으시오.

	3	4	1
	4		
4		2	3

STEP 2 ▨ 안에 알맞은 수를 써넣으시오.

빠진 수 ☐ , ☐

↓

	3	4	1
	4		
4		2	3

빠진 수 ← ☐ , ☐

STEP 3 규칙에 따라 **STEP 2** 의 나머지 칸에 알맞은 수를 써넣어 퍼즐을 완성해 보시오.

❯ 정답과 풀이 **16쪽**

01 스도쿠의 |규칙|에 따라 빈칸에 알맞은 수를 써넣으시오.

| 규칙 |

① 가로줄과 세로줄의 각 칸에 주어진 수가 한 번씩만 들어갑니다.

② 굵은 선으로 나누어진 부분의 각 칸에 주어진 수가 한 번씩만 들어갑니다.

도전❶
★★

1, 2, 3, 4

	3	2	
		4	
	4		2
4		3	1

도전❷
★★★

1, 2, 3, 4

3		2	4
	2		
		3	
1			2

🎬 **Lecture ···** 스도쿠의 규칙

① 가로줄의 각 칸에 주어진 수가 한 번씩만 들어갑니다.

1, 2, 3

1	3	2
3	2	1
2	1	3

← 1, 2, 3 중 2 빠짐

② 세로줄의 각 칸에 주어진 수가 한 번씩만 들어갑니다.

1, 2, 3

1	2	3
3	1	2
2	3	1

↑ 1, 2, 3 중 3 빠짐

③ 굵은 선으로 나누어진 부분의 각 칸에 주어진 수가 한 번씩만 들어갑니다.

1, 2, 3, 4

2	3	1	4
4	1	3	2
1	2	4	3
3	4	2	1

← ⊞ 안에
1, 2, 3, 4 중
3 빠짐

✳ Creative 팩토 ✳

01 노노그램의 |규칙|에 따라 빈칸을 알맞게 색칠해 보시오.

> ┤ 규칙 ├
>
> ① 위에 있는 수는 세로줄에 연속하여 색칠된 칸의 수를 나타냅니다.
> ② 왼쪽에 있는 수는 가로줄에 연속하여 색칠된 칸의 수를 나타냅니다.

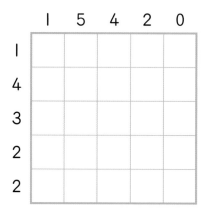

02 브릿지 퍼즐의 |규칙|에 따라 선을 알맞게 그어 보시오.

> ┤ 규칙 ├
>
> 🔘에 적힌 수는 이웃한 🔘와 연결된 선(──)의 개수입니다.

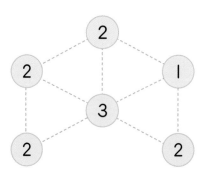

03 스도쿠의 |규칙|에 따라 빈칸에 알맞은 수를 써넣으시오.

> **규칙**
>
> ① 가로줄과 세로줄의 각 칸에 주어진 수가 한 번씩만 들어갑니다.
> ② 굵은 선으로 나누어진 부분의 각 칸에 주어진 수가 한 번씩만 들어갑니다.

1, 2, 3, 4, 5, 6

2		1		5	6
	5	6	1		2
5	6	4	2		3
1		3	6	4	
3		2	5	6	
	4		3		1

1, 2, 3, 4, 5, 6

	3		4		6
1				3	4
	6	5		2	1
6	1		2	4	5
		6			2
5			1	6	

04 노노그램의 |규칙|에 따라 빈칸을 알맞게 색칠해 보시오.

> | 규칙 |
>
> ① 위에 있는 수는 세로줄에 연속하여 색칠된 칸의 수를 나타냅니다.
>
> ② 왼쪽에 있는 수는 가로줄에 연속하여 색칠된 칸의 수를 나타냅니다.

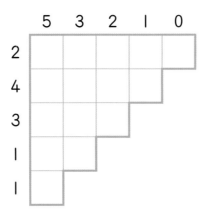

05 브릿지 퍼즐의 |규칙|에 따라 선을 알맞게 그어 보시오.

> | 규칙 |
>
> ① ⬤에 적힌 수는 이웃한 ⬤와 연결된 선(——)의 개수입니다.
>
> ② ⬤들은 1개 또는 2개의 선으로만 연결될 수 있습니다.

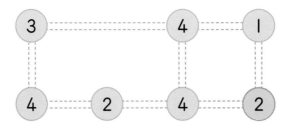

06 스도쿠의 │규칙│에 따라 빈칸에 알맞은 수를 써넣으시오.

> │ 규칙 │
> ① 가로줄과 세로줄의 각 칸에 주어진 수가 한 번씩만 들어갑니다.
> ② 굵은 선으로 나누어진 부분의 각 칸에 주어진 수가 한 번씩만 들어갑니다.

1, 2, 3, 4

	4	2	
			1
	2		

07 │규칙│에 따라 빈 곳에 알맞은 수를 써넣으시오.

> │ 규칙 │
> ① 가로줄과 세로줄의 각 ○ 안에 주어진 수가 한 번씩만 들어갑니다.
> ② 같은 색으로 연결된 선의 각 ○ 안에 주어진 수가 한 번씩만 들어갑니다.

1, 2, 3, 4

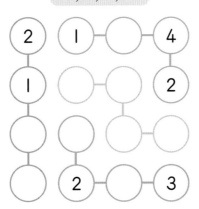

4. 폭탄 제거 퍼즐

폭탄 제거 퍼즐의 ㅣ규칙ㅣ에 따라 폭탄을 제거하기 위해 가장 먼저 눌러야 하는 화살표 버튼을 찾아 ○표 하시오.

ㅣ규칙ㅣ

① 버튼 위 그림은 주어진 수만큼 화살표 방향으로 이동하여 도착한 버튼을 눌러야 한다는 표시입니다.

② 그림에 있는 숫자 버튼과 폭탄제거 버튼을 순서에 맞게 모두 누르면 폭탄이 제거됩니다.

STEP 1 폭탄제거 버튼 바로 전에 눌러야 하는 버튼은 2 입니다. 이 버튼 바로 전에 눌러야 하는 버튼에 △표 하시오.

STEP 2 폭탄제거 버튼부터 눌러야 하는 순서를 거꾸로 하여 가장 먼저 눌러야 하는 화살표 버튼을 찾아 ○표 하시오.

01 |규칙|에 따라 금고의 문을 열기 위해 가장 먼저 눌러야 하는 화살표 버튼을 찾아 ○표 하시오.

┤ 규칙 ├

① 버튼 위 그림은 주어진 수만큼 화살표 방향으로 이동하여 도착한 버튼을 눌러야 한다는 표시입니다.

② 그림에 있는 숫자 버튼과 버튼을 순서에 맞게 모두 누르면 금고의 문이 열립니다.

도전 ❶
★★

도전 ❷
★★★

Lecture ··· 폭탄 제거 퍼즐의 규칙

① 버튼 위 그림은 주어진 수만큼 화살표 방향으로 이동하여 도착한 버튼을 눌러야 한다는 표시입니다.

② 그림에 있는 숫자 버튼과 버튼을 순서에 맞게 모두 누르면 폭탄이 제거됩니다.

(×)　　　　(○)

모든 버튼을 누르지 않았습니다.

5. 가쿠로 퍼즐

가쿠로 퍼즐의 ｜규칙｜에 따라 빈칸에 알맞은 수를 써넣으시오.

┌─ 규칙 ┐

① 색칠한 삼각형 안의 수는 삼각형의 오른쪽 또는 아래쪽으로
  쓰인 수들의 합입니다.

② 빈칸에는 1부터 9까지의 수를 쓸 수 있습니다.

③ 삼각형과 연결된 한 줄에는 같은 수를 쓸 수 없습니다.

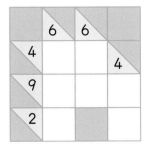

> STEP 1 ◹2◸의 오른쪽은 한 칸입니다. ①에 알맞은 수를 써넣으
시오.

> STEP 2 한 줄에는 같은 수를 쓸 수 없으므로 ②에는 2와 3이 들어
갈 수 없습니다. ②에 알맞은 수를 써넣으시오.

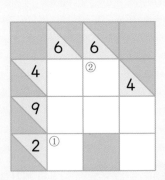

> STEP 3 ｜규칙｜에 따라 나머지 칸에 알맞은 수를 써넣어 퍼즐을 완성
해 보시오.

01 가쿠로 퍼즐의 │규칙│에 따라 빈칸에 알맞은 수를 써넣으시오.

┤ 규칙 ├

① 색칠한 삼각형 안의 수는 삼각형의 오른쪽 또는 아래쪽으로 쓰인 수들의 합입니다.

② 빈칸에는 1부터 9까지의 수를 쓸 수 있습니다.

③ 삼각형과 연결된 한 줄에는 같은 수를 쓸 수 없습니다.

도전❶
★★

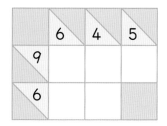

도전❷
★★★

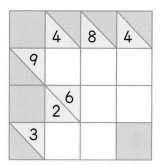

📷 **Lecture** ··· 가쿠로 퍼즐의 규칙

① 삼각형 (◣) 안의 수는 삼각형의 오른쪽 또는 아래쪽으로 쓰인 수들의 합입니다.

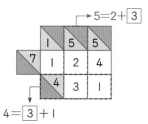

② 사각형 모양의 빈칸에는 1부터 9까지의 수를 쓸 수 있습니다.

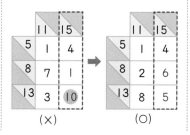

③ 삼각형 (◣)과 연결된 한 줄에는 같은 수를 쓸 수 없습니다.

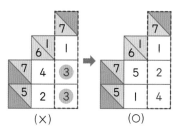

6. 체인지 퍼즐

대표문제

체인지 퍼즐의 규칙에 따라 모두 ● 모양으로 바꾸기 위해 눌러야 하는 버튼을 순서대로 ▨ 안에 써넣으시오.

> **규칙**
>
> 위와 왼쪽의 숫자 버튼을 누르면 그 줄에 있는 모양의 색깔이 모두 반대로 바뀝니다.
>
> ○ → ●   ● → ○

▶ **STEP 1** ● 모양으로 모두 바꾸어야 하므로 먼저 ○가 2개인 줄을 찾아 버튼을 눌러야 합니다. 눌러야 할 버튼을 찾아 ▨ 안에 써넣고 모양을 그려 넣으시오.

▶ **STEP 2** **STEP 1**의 완성한 그림에서 ○가 3개인 줄의 버튼을 찾아 ▨ 안에 써넣으시오.

01 체인지 퍼즐의 │규칙│에 따라 처음 모양을 목표 모양으로 바꾸기 위해 눌러야 하는 버튼을 순서대로 ▨ 안에 써넣으시오.

│ 규칙 │

위와 왼쪽의 숫자 버튼을 누르면 그 줄에 있는 모양의 색깔이 모두 반대로 바뀝니다.

○ → ●   ● → ○

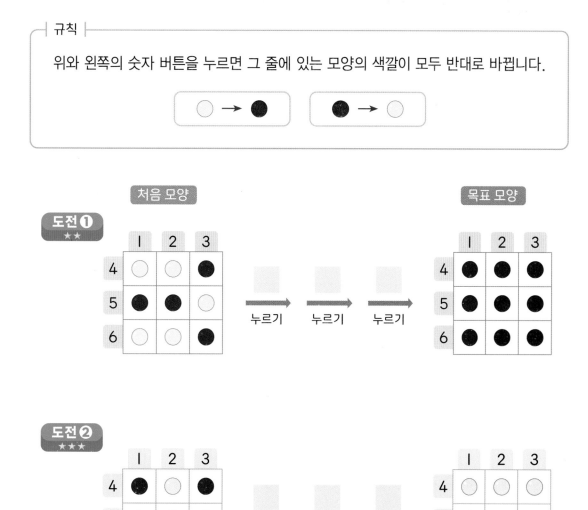

Lecture … 체인지 퍼즐의 규칙

위와 왼쪽의 숫자 버튼을 누르면 그 줄에 있는 모양의 색깔이 모두 반대로 바뀝니다.

○ → ●   ● → ○

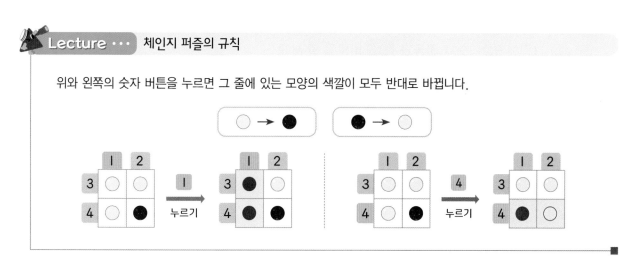

*Creative 팩토 *

01 가쿠로 퍼즐의 |규칙|에 따라 빈칸에 알맞은 수를 써넣으시오.

┤ 규칙 ├

① 색칠한 삼각형 안의 수는 삼각형의 오른쪽 또는 아래쪽으로 쓰인 수들의 합입니다.

② 빈칸에는 1부터 9까지의 수를 쓸 수 있습니다.

③ 삼각형과 연결된 한 줄에는 같은 수를 쓸 수 없습니다.

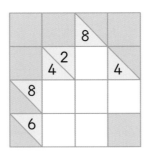

02 |규칙|에 따라 금고의 문을 열기 위해 가장 먼저 눌러야 하는 화살표 버튼을 찾아 ○표 하시오.

┤ 규칙 ├

① 버튼 위 그림은 주어진 수만큼 화살표 방향으로 이동하여 도착한 버튼을 눌러야 한다는 표시입니다.

② 그림에 있는 숫자 버튼과 OPEN 버튼을 순서에 맞게 모두 누르면 금고의 문이 열립니다.

03 체인지 퍼즐의 |규칙|에 따라 처음 모양을 목표 모양으로 바꾸기 위해 눌러야 하는 버튼을 순서대로 █ 안에 써넣으시오.

┌─| 규칙 |──┐
│   │
│ 위와 왼쪽의 숫자 버튼을 누르면 그 줄에 있는 모양의 색깔이 모두 반대로 바뀝니다. │
│   │
│   ○ → ●   ● → ○   │
│   │
└──┘

04 |규칙|에 따라 출발 버튼부터 도착 버튼까지 이동하려고 합니다. 빈 버튼에 알맞은 화살표의 방향과 수를 그려 넣으시오.

┌─ 규칙 ├───┐

① 버튼 위 그림은 주어진 수만큼 화살표 방향으로 이동하여 도착한 버튼을 눌러야 한다는 표시입니다.

② 그림에 있는 숫자 버튼과 도착 버튼을 순서에 맞게 모두 눌러야 합니다.

└──┘

05 가쿠로 퍼즐의 |규칙|에 따라 빈칸에 알맞은 수를 써넣으시오.

┌─ 규칙 ├───┐

① 색칠한 삼각형 안의 수는 삼각형의 오른쪽 또는 아래쪽으로 쓰인 수들의 합입니다.

② 빈칸에는 1부터 9까지의 수를 쓸 수 있습니다.

③ 삼각형과 연결된 한 줄에는 같은 수를 쓸 수 없습니다.

└──┘

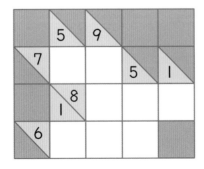

> 정답과 풀이 23쪽

06 |규칙|에 따라 마지막으로 🗝 버튼을 누르기 위해 가장 먼저 눌러야 하는 화살표 버튼을 찾아 ○표 하시오.

| 규칙 |

① 버튼 위 그림은 주어진 수만큼 화살표 방향으로 이동하여 도착한 버튼을 눌러야 한다는 표시입니다.

② 그림에 있는 숫자 버튼과 🗝 버튼을 순서에 맞게 모두 눌러야 합니다.

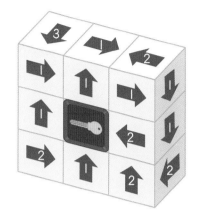

07 체인지 퍼즐의 |규칙|에 따라 처음 모양을 목표 모양으로 바꾸기 위해 눌러야 하는 버튼을 순서대로 ▨ 안에 써넣으시오.

| 규칙 |

위와 왼쪽의 숫자 버튼을 누르면 그 줄에 있는 모양의 색깔이 모두 반대로 바뀝니다.

○ → ●   ● → ○

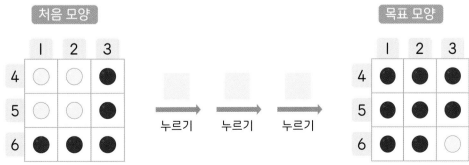

* Perfect 경시대회 *

01 스도쿠의 |규칙|에 따라 빈칸에 알맞은 수를 써넣으시오.

> | 규칙 |
>
> • 가로줄과 세로줄의 각 칸에 1, 2, 3, 4, 5가 한 번씩만 들어갑니다.
> • 굵은 선으로 나누어진 부분의 각 칸에 1, 2, 3, 4, 5가 한 번씩만 들어갑니다.

1		3		2
			4	
5		2		
	5			
4		1		5

02 |보기|에서 도형의 바깥쪽에 있는 수는 화살표 방향에 있는 줄에 연속하여 색칠한 가장 작은 삼각형의 수를 나타냅니다. 같은 방법으로 다음 도형을 색칠하여 퍼즐을 완성해 보시오.

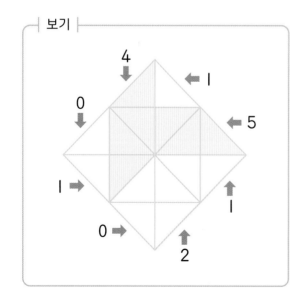

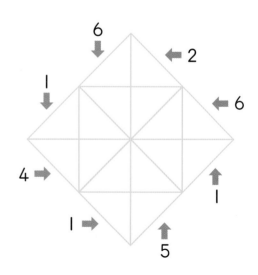

03 브릿지 퍼즐의 |규칙|에 따라 선을 알맞게 그어 보시오.

| 규칙 |

① ◯에 적힌 수는 이웃한 ◯와 연결된 선(──)
의 개수입니다.

② ◯들은 1개 또는 2개의 선으로만 연결될 수
있습니다.

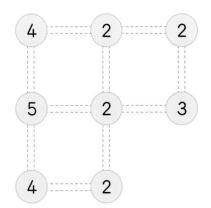

04 |규칙|에 따라 빈칸에 알맞은 수를 써넣으시오.

| 규칙 |

① 가로줄과 세로줄의 각 칸에 1부터 4까지의 수가 한 번씩만 들어갑니다.

② 두 칸 사이에 점이 있는 경우 두 칸에 연속한 수를 넣습니다.

③ 두 칸 사이에 점이 없는 경우 두 칸에 연속한 수를 넣을 수 없습니다.

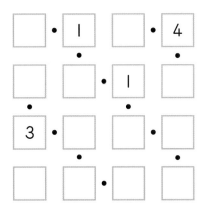

Challenge 영재교육원

01 |규칙|에 따라 주어진 노노그램 퍼즐을 투명 종이에 그려 완성한 후 색칠한 부분을 선을 따라 잘라내었을 때, 나올 수 <u>없는</u> 조각을 찾아 기호를 써 보시오. (단, 조각을 돌리거나 뒤집을 수 없습니다.)

┤ 규칙 ├

사각형의 위와 왼쪽에 있는 수는 각각 세로줄과 가로줄에 연속하여 색칠된 칸의 수를 나타냅니다.

	2	4	4	1
2				
4				
3				
2				

㉮

㉯

㉰

㉱

02 |규칙|에 따라 마지막으로 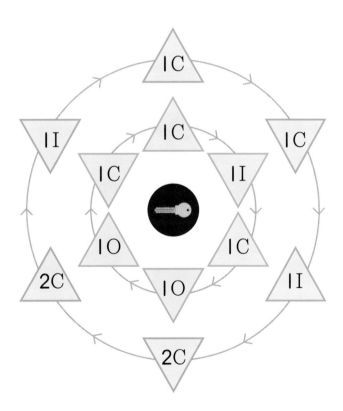 버튼을 누르기 위해 가장 먼저 눌러야 하는 버튼을 찾아 ○표 하시오.

| 규칙 |

① 삼각형 위의 수와 알파벳은 주어진 수만큼 알파벳이 가리키는 방향으로 이동하여 도착한 버튼을 눌러야 한다는 표시입니다.

> ⏐I: 안쪽으로 ⏐칸   ⏐O: 바깥쪽으로 ⏐칸   ⏐C: 시계 방향으로 ⏐칸

② 그림에 있는 삼각형 버튼과 버튼을 순서에 맞게 모두 눌러야 합니다.

III

측 정

학습 Planner

계획한 대로 공부한 날은 😃 에, 공부하지 못한 날은 😞 에 ◯표 하세요.

공부할 내용	공부할 날짜		확 인	
1 단위길이	월	일	😃	😞
2 달력	월	일	😃	😞
3 무게 비교	월	일	😃	😞
Creative 팩토	월	일	😃	😞
4 잴 수 있는 길이	월	일	😃	😞
5 잴 수 있는 무게	월	일	😃	😞
6 거울에 비친 시계	월	일	😃	😞
Creative 팩토	월	일	😃	😞
Perfect 경시대회	월	일	😃	😞
Challenge 영재교육원	월	일	😃	😞

1. 단위길이

대표 문제

효준이네 집에서 은행까지는 효준이의 걸음으로 5분이 걸립니다. 또 집에서 백화점까지는 같은 빠르기로 걸어서 30분이 걸립니다. 은행에서 백화점까지의 거리는 집에서 은행까지의 거리의 몇 배인지 구해 보시오.

> STEP 1 집에서 백화점까지의 거리는 집에서 은행까지의 거리의 몇 배입니까?

$$\underset{\substack{\uparrow \\ \text{(집~은행) 걸어간 시간}}}{5} \times \underset{\substack{ \\ \text{(배)}}}{\boxed{}} = \underset{\substack{\uparrow \\ \text{(집~백화점) 걸어간 시간}}}{30}$$

> STEP 2 집에서 은행까지의 거리가 수직선 위의 한 칸의 길이와 같을 때, 백화점의 위치에 점을 찍어 보시오.

> STEP 3 STEP 2를 이용하여 은행에서 백화점까지의 거리는 집에서 은행까지의 거리의 몇 배인지 구해 보시오.

01 준호의 키는 길이가 똑같은 나무 막대 8개의 길이와 같고, 발끝에서 배꼽까지의 길이는 준호의 키의 절반입니다. 준호의 배꼽에서 머리 끝까지의 길이는 나무 막대 몇 개의 길이와 같은지 구해 보시오.

02 여러 개의 막대를 그림과 같이 놓았습니다. 막대 ㉮의 길이를 단위길이로 할 때, 막대 ㉯와 ㉰의 길이는 각각 단위길이의 몇 배인지 구해 보시오.

 Lecture ··· 단위길이

'한 뼘', '두 뼘'의 뼘의 길이와 같이 길이를 재는 데 기준이 되는 길이를 단위길이라고 합니다.

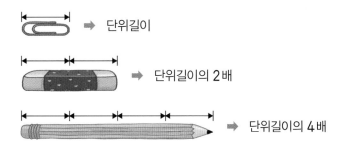

➡ 지우개는 클립 2개의 길이와 같고, 연필은 클립 4개의 길이와 같습니다.
따라서 연필이 지우개보다 클립 2개의 길이만큼 더 깁니다.

2. 달력

대표 문제

어느 해 4월 달력이 찢어져 다음과 같이 일부분만 있습니다. 같은 해 5월 13일은 4월 첫째 주 중에서 며칠과 같은 요일인지 구해 보시오.

일	월	화	수	목	금	토
	1	2	3	4	5	6
7	8	9	10	11	12	13

> STEP 1 4월은 며칠까지 있습니까?

> STEP 2 4월 1일은 월요일입니다. 4월 마지막 날은 무슨 요일입니까?

> STEP 3 다음 순서에 따라 5월 13일은 무슨 요일인지 구해 보시오.

> ① □안에 5월 1일의 요일 찾기
> ② □안에 5월 1일에서 5월 13일은 며칠 후인지 찾기
> ③ □안에 5월 1일에서 7일 후 요일 쓰기
> ④ □와 □에 알맞게 써넣어 5월 13일의 요일 찾기

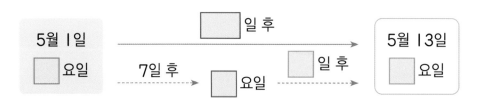

> STEP 4 STEP 3에서 구한 요일을 보고 4월 첫째 주 중에서 며칠과 같은 요일인지 구해 보시오.

▶ 정답과 풀이 27쪽

01 어느 해 12월 달력이 찢어져 다음과 같이 일부분만 있습니다. 다음 해 1월 14일은 무슨 요일인지 구해 보시오.

수	목	금	토
1	2	3	4
	9	10	11
		17	18

02 어느 해 6월 달력에 잉크가 흘러 달력의 일부분만 보이게 되었습니다. 같은 해 5월 22일은 무슨 요일인지 구해 보시오.

6월

일	월	화	수	목	금	토
			4	5	6	7
					13	14
					20	21
					27	28
29	30					

Lecture ··· 달력

각 달의 구조는 다음과 같습니다.

3월

일	월	화	수	목	금	토
		1	2	3	4	5
6	7	8	9	10	11	12
13	14	15	16	17	18	19
20	21	22	23	24	25	26
27	28	29	30	31		

• 달력에서 오른쪽으로 한 칸씩 갈 때마다 1일이 늘어나고, 아래로 한 칸씩 내려갈 때마다 7일이 늘어납니다.

• 3월의 월요일인 날짜는 7일, 14일, 21일, 28일입니다.

• 3월의 첫째 번 수요일은 2일이고, 셋째 번 수요일은 16일 입니다.

• 3월 31일이 목요일이면 4월 1일은 금요일입니다.

3. 무게 비교

대표 문제

장난감 자동차 1개와 곰 인형 1개의 무게의 합은 공 몇 개의 무게와 같은지 구해 보시오.
(단, 같은 종류의 물건의 무게는 같습니다.)

> STEP 1 곰 인형 1개의 무게는 공 2개의 무게와 같습니다. 곰 인형 3개는 공 몇 개의 무게와 같습니까?

> STEP 2 장난감 자동차 1개의 무게는 공 몇 개의 무게와 같습니까?

> STEP 3 장난감 자동차 1개와 곰 인형 1개의 무게의 합은 공 몇 개의 무게와 같은지 구해 보시오.

▶ 정답과 풀이 **28**쪽

01 양팔 저울을 이용하여 사과, 바나나, 파인애플의 무게를 비교한 것입니다.

다음 저울이 수평이 되려면 어느 쪽에서 어떤 과일을 몇 개 **빼야** 하는지 구해 보시오. (단, 같은 종류의 과일의 무게는 같습니다.)

Lecture ··· 저울산

양팔 저울이 수평일 때는 양쪽의 무게가 같습니다. 이때, 저울의 양쪽에 같은 무게만큼 더 올려도 저울은 수평을 유지합니다.

감 **1**개의 무게는 밤 **2**개의 무게와 같습니다.

감 **2**개의 무게는 밤 **4**개의 무게와 같습니다.

01 단위막대 ㉮, ㉯로 리코더의 길이를 재려고 합니다. 리코더의 길이는 단위막대 ㉮ 2개의 길이와 같고, 단위막대 ㉯ 6개의 길이와 같습니다. 단위막대 ㉮의 길이는 단위막대 ㉯의 길이의 몇 배인지 구해 보시오.

02 막대 ㉮의 길이는 막대 ㉯의 길이보다 나사 몇 개의 길이만큼 더 긴지 구해 보시오.

> 정답과 풀이 **29쪽**

03 다음은 희원이가 쓴 일기입니다. 희원이가 병원을 다시 가야 하는 날은 무슨 요일 인지 구해 보시오.

제목: 병원 가는 날

9월 8일 목요일 구름 조금

어제부터 코가 훌쩍거려서 엄마와 동네 병원에 다녀왔다. 사실은 병원 가 는 게 무서워서 약만 먹고 싶었는데, 엄마가 나를 데리고 가셨다. 의사 선 생님께서 내 증세가 생각보다 심하다고 하시면서 아주 큰 주사기로 주사를 맞아야 한다고 심술궂게 말씀하셨다. 그래서 나는 겁을 잔뜩 먹고 간호사 선생님을 따라 주사실로 들어갔다. 그런데 다행히 주사기가 생각보다 작 아 잘 참으며 주사를 맞았다. 의사 선생님께서 9월 26일에 또 오라고 하 셨다. 정말 큰일이다. 나는 주사 맞기 정말 싫은데.

04 정수의 생일은 4월 13일입니다. 오늘이 3월 2일 일요일일 때, 올해 정수의 생일 은 무슨 요일인지 구해 보시오.

05 다음 그림을 보고 옳은 문장에는 ○표, 틀린 문장에는 ✕표 하시오. (단, 같은 모양의 무게는 같습니다.)

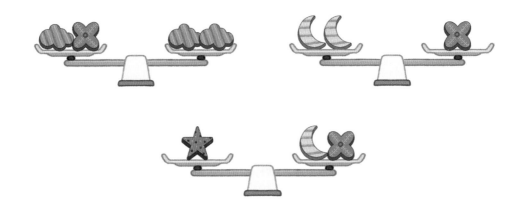

(1) ☁과 ✻은 무게가 같습니다. ( )

(2) ☁은 🌙보다 가볍습니다. ( )

(3) ★ 1개의 무게는 🌙 3개의 무게와 같습니다. ( )

06 여러 개의 막대가 다음과 같이 쌓여 있습니다. 막대 ㉮의 길이가 2cm일 때, 막대 ㉯, ㉰, ㉱의 길이는 각각 몇 cm인지 구해 보시오.

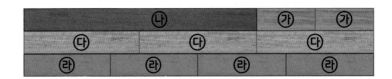

07 다음은 양팔 저울로 인형, 신발, 주전자, 가방의 무게를 비교한 것입니다. 물음에 답해 보시오. (단, 같은 종류의 물건의 무게는 같습니다.)

(1) 둘째 번으로 무거운 물건은 무엇입니까?

(2) 저울의 왼쪽 접시에는 가방 2개, 오른쪽 접시에는 주전자 1개를 올려놓았습니다. 저울은 어느 쪽으로 기울어지겠습니까?

4. 잴 수 있는 길이

대표 문제

다음 2개의 나무 막대를 한 번씩만 사용하여 잴 수 <u>없는</u> 길이를 찾아 ○표 하시오. 📒 온라인 활동지

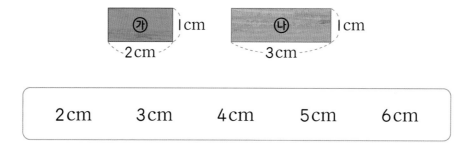

| 2cm | 3cm | 4cm | 5cm | 6cm |

▶ **STEP 1** 나무 막대 ㉮를 사용하여 잴 수 있는 길이는 1cm와 2cm입니다. 나무 막대 ㉯를 사용하여 잴 수 있는 길이는 몇 cm입니까?

▶ **STEP 2** 나무 막대 ㉮와 ㉯를 다음과 같이 겹치지 않게 이어 붙여서 잴 수 있는 길이는 몇 cm입니까?

▶ **STEP 3** 나무 막대 ㉮와 ㉯를 다음과 같이 겹치지 않게 이어 붙여서 잴 수 있는 길이는 몇 cm입니까?

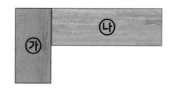

▶ **STEP 4** 주어진 길이 중 잴 수 <u>없는</u> 길이를 찾아보시오.

01 길이가 각각 1cm, 4cm인 막대를 한 번씩만 사용하여 1cm부터 5cm까지의 길이를 1cm 간격으로 재려고 합니다. 잴 수 <u>없는</u> 길이를 구해 보시오.

🖥 온라인 활동지

02 다음과 같은 2장의 종이를 한 번씩만 사용하여 잴 수 있는 길이는 모두 몇 가지인지 구해 보시오. 🖥 온라인 활동지

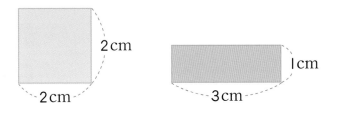

Lecture ··· 잴 수 있는 길이

길이의 합과 차를 이용하여 여러 가지 길이를 잴 수 있습니다.

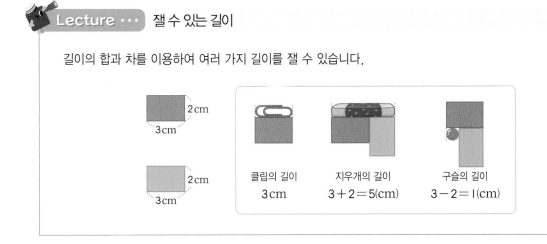

5. 잴 수 있는 무게

대표 문제

1g짜리 추가 1개, 4g짜리 추가 2개 있습니다. 추를 양팔 저울의 양쪽 접시에 올려놓을 수 있을 때, 잴 수 있는 무게는 모두 몇 가지인지 구해 보시오.

> STEP 1 양팔 저울의 한쪽 접시에만 추를 올려놓아 잴 수 있는 최대 무게는 얼마입니까?

> STEP 2 다음의 표를 완성하고, 1g에서 9g까지의 무게 중 잴 수 있는 무게를 찾아보시오.

저울의 양쪽 접시	식	저울의 양쪽 접시	식
1g ①	1g	⑥	
②	✕	⑦	
4g ③ 1g	4-1=3(g)	⑧	
④		⑨	
1g 4g ⑤	1+4=5(g)		

> STEP 3 잴 수 있는 구슬의 무게는 모두 몇 가지인지 구해 보시오.

01 1g, 5g, 10g짜리 추가 1개씩 있습니다. 추를 양팔 저울의 양쪽 접시에 올려놓을 수 있을 때, 잴 수 있는 무게를 모두 구해 보시오.

02 3g, 4g, 6g짜리 추가 1개씩 있습니다. 추를 양팔 저울의 한쪽 접시에만 올려놓을 때, 잴 수 있는 무게를 모두 구해 보시오.

Lecture · · · 잴 수 있는 무게

1g, 3g, 9g짜리 추가 1개씩 있습니다. 추를 양팔 저울의 양쪽 접시에 올려놓을 수 있을 때, 잴 수 있는 무게는 다음과 같습니다.

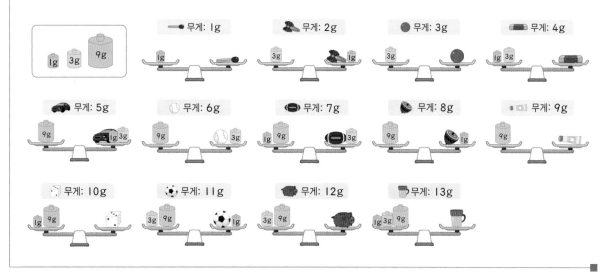

대표문제

정호가 청소를 시작할 때 거울에 비친 시계는 다음과 같았습니다. 청소하는 데 걸린 시간이 1시간 30분이라면, 청소를 끝냈을 때 거울에 비친 시계를 그려 보시오.

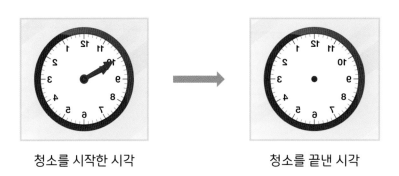

청소를 시작한 시각   청소를 끝낸 시각

STEP 1 정호가 청소를 시작할 때 거울에 비친 시계를 원래 시계로 나타내고, 그 시각을 써 보시오.

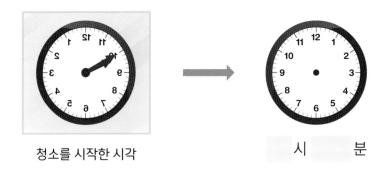

청소를 시작한 시각   ☐ 시 ☐ 분

STEP 2 청소하는 데 걸린 시간이 1시간 30분일 때 청소를 끝낸 시각은 언제입니까?

STEP 3 청소를 끝낸 시각을 원래 시계에 그려 넣고, 거울에 비친 시계로 나타내어 보시오.

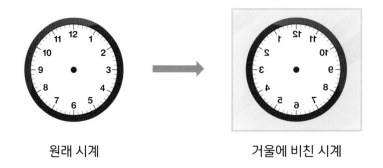

원래 시계   거울에 비친 시계

01 민재는 2시간 동안 숙제를 하였습니다. 숙제를 끝낸 시각이 4시 30분이었을 때, 숙제를 시작한 시각을 거울에 비친 시계로 나타내어 보시오.

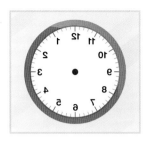

02 |보기|와 같이 12시는 거울에 비친 시곗바늘의 모양과 원래 시계의 시곗바늘의 모양이 같습니다. 거울에 비친 시계와 원래 시계의 시곗바늘의 모양이 같은 때는 또 언제인지 찾아보시오.

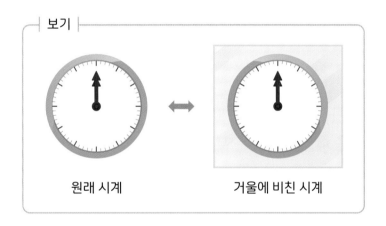

|보기|

원래 시계   거울에 비친 시계

Lecture ··· 거울에 비친 시계

거울에 비친 시계의 모양은 시계를 오른쪽 또는 왼쪽으로 뒤집은 모양과 같습니다.

거울에 비친 시계

짧은바늘: 2와 3 사이 ➡ 2 시

긴바늘: 10 ➡ 50 분

➡ 2 시 50 분

01 다음과 같이 연결된 부분을 접어 돌릴 수 있는 도구로 잴 수 있는 길이는 모두 몇 가지인지 구해 보시오.

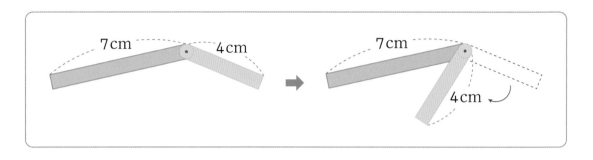

02 1g, 5g, 25g짜리 추가 1개씩 있습니다. 추를 | 보기 |와 같이 저울의 양쪽 접시에 올려놓을 수 있을 때, 잴 수 있는 무게 중 셋째 번으로 무거운 무게를 구해 보시오.

| 보기 |

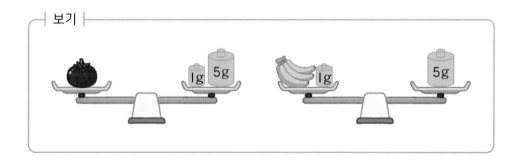

▶정답과 풀이 **34**쪽

03 길이가 각각 1cm, 2cm, 4cm인 막대가 하나씩 있습니다. 세 막대를 사용하여 잴 수 있는 길이를 모두 구해 보시오.  온라인 활동지

04 다음 거울에 비친 시계는 1시간 40분이 빠릅니다. 정확한 시각은 몇 시 몇 분인지 구해 보시오.

05 양팔 저울의 한쪽 접시에만 추를 올려놓고 1g부터 13g까지 물건의 무게를 재려고 할 때, 1g부터 6g까지의 추 중에서 반드시 필요한 4개의 추를 구해 보시오.

06 시계의 긴바늘은 숫자 6을 가리키고 짧은바늘은 숫자 1과 2 사이를 가리키고 있습니다. 이 시각에서 긴바늘이 시계 방향으로 두 바퀴 돌았을 때의 시각을 거울에 비친 시계에 나타내어 보시오.

07 호연이와 정우는 일요일 낮 12시에 공원에서 만나기로 하였습니다. 호연이는 집에서 30분을 걸어 공원에 11시 50분에 도착하였고, 정우는 집에서 10분을 걸어 12시 20분에 도착하였습니다. 물음에 답해 보시오.

(1) 호연이가 집에서 출발한 시각을 시계에 나타내어 보시오.

(2) 정우가 집에서 출발한 시각을 시계에 나타내어 보시오.

(3) 정우는 공원에 12시에 도착하려고 했는데 거울에 비친 시계를 원래 시계로 잘못 보아서 20분 늦고 말았습니다. 정우가 원래 출발하려고 한 시각을 구해 보시오.

* Perfect 경시대회 *

01 나무 막대 1개의 길이는 클립 1개의 길이의 몇 배인지 구해 보시오.

02 어느 해 2월의 셋째 번과 넷째 번 금요일의 날짜를 더하면 49입니다. 같은 해의 3월 1일은 무슨 요일인지 구해 보시오. (단, 같은 해의 2월은 28일까지 있습니다.)

03 다음과 같이 2 cm, 3 cm, 7 cm 길이의 막대가 이어져 있습니다. 연결된 부분은 접어 돌릴 수 있을 때, 잴 수 있는 길이를 모두 구해 보시오.

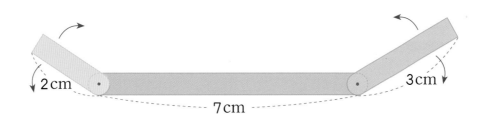

04 9시 50분에 수학 체험을 시작하였습니다. 수학 체험을 끝내고 거울에 비친 시계를 보니 9시 50분이었습니다. 수학 체험을 한 시간은 몇 시간 몇 분인지 구해 보시오. (단, 시계에는 눈금을 가리키는 숫자가 없습니다.)

* Challenge 영재교육원 *

01 다음 글을 읽고 물음에 답해 보시오.

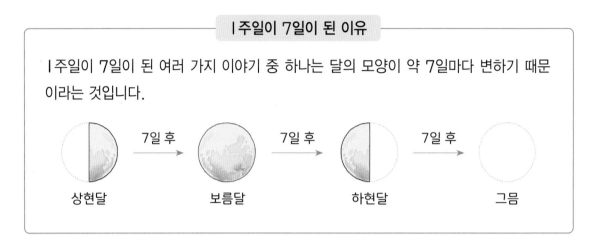

┃ 주일이 7일이 된 이유

┃ 주일이 7일이 된 여러 가지 이야기 중 하나는 달의 모양이 약 7일마다 변하기 때문이라는 것입니다.

상현달 →7일 후→ 보름달 →7일 후→ 하현달 →7일 후→ 그믐

(1) 8월 6일 목요일에 상현달이 떴습니다. 하현달이 뜬 날은 8월 며칠, 무슨 요일입니까?

(2) 5월 4일 수요일에 하현달이 떴습니다. 다음 하현달이 뜰 때의 날짜와 요일을 구해 보시오.

02 두께가 1cm인 막대를 | 보기 |와 같은 방법으로 이어 붙일 때, 잴 수 있는 길이를 모두 구해 보시오. 🖨️ 온라인 활동지

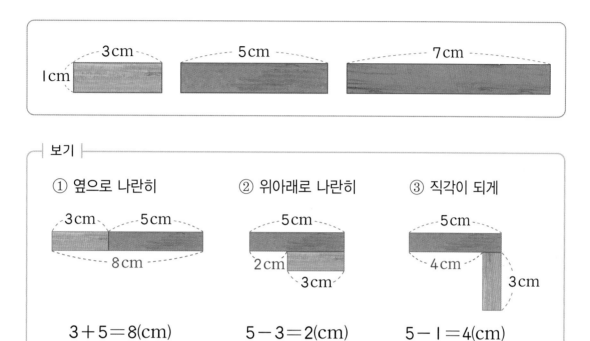

| 보기 |

① 옆으로 나란히

$$3+5=8(cm)$$

② 위아래로 나란히

$$5-3=2(cm)$$

③ 직각이 되게

$$5-1=4(cm)$$

MEMO

영재학급, 영재교육원,
경시대회 준비를 위한

창의사고력
초등수학

팩토

형성 평가
총괄 평가

Lv. 2
응용 A

형성평가

수 영역

시험일시	년 월 일
이 름	

권장 시험 시간 **30분**

✓ 총 문항 수(**10문항**)를 확인해 주세요.

✓ 권장 시험 시간(**30분**) 안에 문제를 풀어 주세요.

✓ 문제를 정확히 읽고 답을 바르게 쓰세요.

✓ 잘 풀리지 않는 문제가 있으면 쉬운 문제부터 해결한 후 다시 도전해 보세요.

01 춤 경연 대회에 참가한 49명의 학생은 1번부터 49번까지 번호를 가슴에 붙였습니다. 숫자 4가 적힌 번호를 붙힌 학생은 몇 명인지 구해 보시오.

02 ● 안에 공통으로 들어갈 수 있는 두 자리 수를 모두 찾아 써 보시오.

> - ● − 11 < 5
> - 28 − ● < 16

03 주어진 4장의 숫자 카드 중 2장을 사용하여 만들 수 있는 두 자리 수 중에서 홀수를 모두 구해 보시오.

4 0 5 9

04 다음 질문과 답을 보고 알맞은 두 자리 수를 구해 보시오.

질문	답
20보다 큰 수입니까?	아니오
십의 자리 수와 일의 자리 수의 곱은 얼마입니까?	6
십의 자리 수와 일의 자리 수 중 어느 것이 더 큽니까?	일의 자리 수

05 주어진 숫자 카드를 모두 사용하여 수의 크기 비교에 맞게 식을 완성해 보시오.

□ 5 □ < □ □ □ < □ 0 □

06 주어진 4장의 숫자 카드 중 2장을 사용하여 만들 수 있는 두 자리 수 중에서 둘째 번으로 큰 수와 둘째 번으로 작은 수의 차를 구해 보시오.

3　1　5　8

07 ★ 안에 들어갈 수 있는 숫자를 모두 구해 보시오.

$$23 < 42 - 1★ < 27$$

08 주어진 4장의 숫자 카드 중 2장을 사용하여 만들 수 있는 두 자리 수 중에서 30 보다 크고 45보다 작은 수는 모두 몇 개인지 구해 보시오.

| 0 | 3 | 4 | 6 |

09 다음 |조건|에 맞는 세 자리 수를 모두 구해 보시오.

> |조건|
> • 100보다 크고 200보다 작은 수입니다.
> • 숫자 5가 들어갑니다.
> • 일의 자리 수가 십의 자리 수보다 3만큼 큽니다.

10 주어진 4장의 숫자 카드 중 2장을 사용하여 두 자리 수를 만들었습니다. 만든 수 중에서 셋째 번으로 큰 수가 97일 때, 뒤집힌 숫자 카드에 적힌 숫자를 구해 보시오.

8 9 7 ▮

수고하셨습니다!

정답과 풀이 **38**쪽 ▶

형성평가

퍼즐 영역

시험일시	년 월 일
이 름	

권장 시험 시간 30분

✔ 총 문항 수(10문항)를 확인해 주세요.

✔ 권장 시험 시간(30분) 안에 문제를 풀어 주세요.

✔ 문제를 정확히 읽고 답을 바르게 쓰세요.

✔ 잘 풀리지 않는 문제가 있으면 쉬운 문제부터 해결한 후 다시 도전해 보세요.

01 스도쿠의 |규칙|에 따라 빈칸에 알맞은 수를 써넣으시오.

1, 2, 3, 4

| 규칙 |
① 가로줄의 각 칸에 주어진 수가 한 번씩만 들어갑니다.
② 세로줄의 각 칸에 주어진 수가 한 번씩만 들어갑니다.
③ 굵은 선으로 나누어진 부분의 각 칸에 주어진 수가 한 번씩만 들어갑니다.

2	1		
1		4	3
3			2

02 브릿지 퍼즐의 |규칙|에 따라 선을 알맞게 그어 보시오.

| 규칙 |
◯에 적힌 수는 이웃한 ◯와 연결된 선(──)의 개수입니다.

03 노노그램의 |규칙|에 따라 빈칸을 알맞게 색칠해 보시오.

| 규칙 |
| ① 위에 있는 수는 세로줄에 연속하여 색칠된 칸의 수를 나타냅니다. |
| ② 왼쪽에 있는 수는 가로줄에 연속하여 색칠된 칸의 수를 나타냅니다. |

	1	2	3	5	2
1					
1					
4					
5					
2					

04 가쿠로 퍼즐의 |규칙|에 따라 빈칸에 알맞은 수를 써넣으시오.

| 규칙 |
| ① 색칠한 삼각형 안의 수는 삼각형의 오른쪽 또는 아래쪽으로 쓰인 수들의 합입니다. |
| ② 빈칸에는 1에서 9까지의 수를 쓸 수 있습니다. |
| ③ 삼각형과 연결된 한 줄에는 같은 수를 쓸 수 없습니다. |

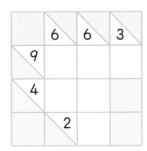

05 |규칙|에 따라 금고의 문을 열기 위해 가장 먼저 눌러야 하는 화살표 버튼을 찾아 ○표 하시오.

┤ 규칙 ├

① 버튼 위 그림은 주어진 수만큼 화살표 방향으로 이동하여 도착한 버튼을 눌러야 한 다는 표시입니다.

② 그림에 있는 숫자 버튼과 OPEN 버튼을 순서에 맞게 모두 누르면 금고의 문이 열립니다.

06 |규칙|에 따라 선을 알맞게 그어 보시오.

┤ 규칙 ├

① ◯에 적힌 수는 이웃한 ◯와 연결된 선(──)의 개수입니다.

② ◯들은 1개의 선 또는 2개의 선으로 연결될 수 있습니다.

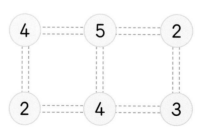

체인지 퍼즐의 규칙에 따라 처음 모양을 목표 모양으로 바꾸기 위해 눌러야 하는
버튼을 순서대로 안에 써넣으시오.

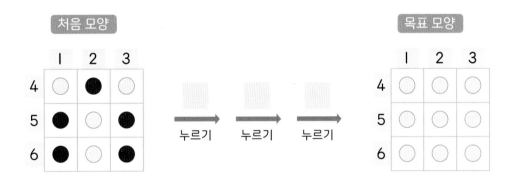

규칙에 따라 빈칸에 알맞은 수를 써넣으시오.

규칙

① 가로줄의 각 칸에 주어진 수가 한 번씩만 들어갑니다.
② 세로줄의 각 칸에 주어진 수가 한 번씩만 들어갑니다.
③ 같은 색으로 나누어진 부분의 각 칸에 주어진 수가 한 번씩만 들어갑니다.

1, 2, 3, 4

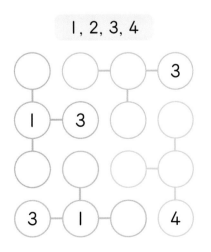

09 가쿠로 퍼즐의 |규칙|에 따라 빈칸에 알맞은 수를 써넣으시오.

| 규칙 |

① 색칠한 삼각형 안의 수는 삼각형의 오른쪽 또는 아래 쪽으로 쓰인 수들의 합입니다.

② 빈칸에는 1에서 9까지의 수를 쓸 수 있습니다.

③ 삼각형과 연결된 한 줄에는 같은 수를 쓸 수 없습니다.

10 |규칙|에 따라 출발 버튼부터 도착 버튼까지 이동하려고 합니다. 빈 버튼에 알맞은 화살표의 방향과 수를 그려 넣으시오.

| 규칙 |

① 버튼 위 그림은 주어진 수만큼 화살표 방향으로 이동하여 도착한 버튼을 눌러야 한다는 표시입니다.

② 그림에 있는 숫자 버튼과 [도착] 버튼을 순서에 맞게 모두 눌러야 합니다.

수고하셨습니다!

형성평가

측정 영역

시험일시 | 년   월   일

이 름 |

권장 시험 시간   **30분**

✓ 총 문항 수(10문항)를 확인해 주세요.

✓ 권장 시험 시간(30분) 안에 문제를 풀어 주세요.

✓ 문제를 정확히 읽고 답을 바르게 쓰세요.

✓ 잘 풀리지 않는 문제가 있으면 쉬운 문제부터 해결한 후 다시 도전해 보세요.

01 노아가 앉아 있는 의자에서 나무까지는 노아의 걸음으로 8분이 걸립니다. 또 의
    자에서 분수대까지는 같은 빠르기로 걸어서 32분이 걸립니다. 나무에서 분수대
    까지의 거리는 의자에서 나무까지의 거리의 몇 배인지 구해 보시오.

의자   나무   분수대

02 어느 해 7월 달력이 찢어져 다음과 같이 일부분만 있습니다. 같은 해 8월 15일
    은 무슨 요일인지 구해 보시오.

7월

일	월	화	수
1	2	3	4
8	9		

03 빈 곳에 말 인형 몇 개를 올려놓아야 수평이 되는지 구해 보시오. (단, 같은 종류의 인형의 무게는 같습니다.)

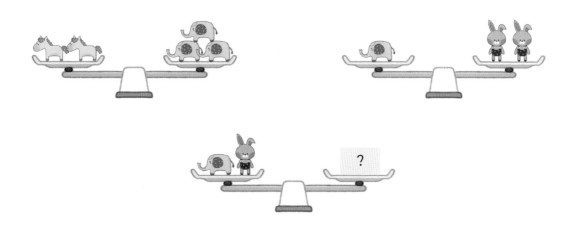

04 길이가 각각 3 cm, 4 cm인 막대를 한 번씩만 사용하여 1 cm에서 7 cm까지 길이를 재려고 합니다. 잴 수 없는 길이를 모두 구해 보시오.

3 cm   4 cm

05 3g, 3g, 7g짜리 추가 1개씩 있습니다. 추를 양팔 저울의 양쪽 접시에 올려놓을 수 있을 때, 잴 수 <u>없는</u> 무게를 찾아 번호를 써 보시오.

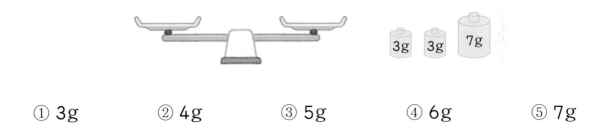

　① 3g　　　　② 4g　　　　③ 5g　　　　④ 6g　　　　⑤ 7g

06 여러 장의 타일을 그림과 같이 붙였습니다. 타일 ㉮의 길이를 단위길이로 할 때, 타일 ㉯와 ㉰의 길이는 각각 단위길이의 몇 배인지 구해 보시오.

07 연수의 생일은 3월 8일입니다. 오늘이 4월 20일 목요일이면 올해 연수의 생일은 무슨 요일이었는지 구해 보시오.

08 주어진 종이를 한 번씩만 사용하여 잴 수 있는 길이는 모두 몇 가지인지 구해 보시오.

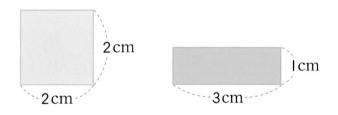

09 루나는 8시간 동안 잠을 잤습니다. 일어난 시각이 7시 30분이었을 때, 잠을 자기 시작한 시각을 거울에 비친 시계로 나타내어 보시오.

10 다음은 양팔 저울로 멜론, 참외, 수박, 토마토의 무게를 비교한 것입니다. 저울의 왼쪽 접시에는 수박 1개, 저울의 오른쪽 접시에는 멜론 2개를 올려놓으면, 저울은 어느 쪽으로 기울어지는지 구해 보시오. (단, 같은 종류는 무게가 같습니다.)

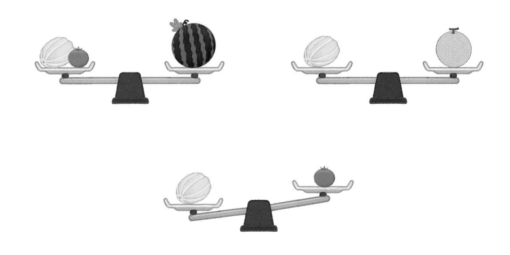

수고하셨습니다!

정답과 풀이 **44**쪽

총괄평가

 Lv. ❷ 응용 A

권장 시험 시간	30분

시험일시 | 년   월   일

이   름 |

✔ 총 문항 수(10문항)를 확인해 주세요.

✔ 권장 시험 시간(30분) 안에 문제를 풀어 주세요.

✔ 문제를 정확히 읽고 답을 바르게 쓰세요.

✔ 잘 풀리지 않는 문제가 있으면 쉬운 문제부터 해결한 후
   다시 도전해 보세요.

01 다음과 같이 쪽수가 적혀 있는 책을 펼쳤을 때, 쪽수에 적혀 있는 숫자 I은 모두 몇 번 나오는지 구해 보시오.

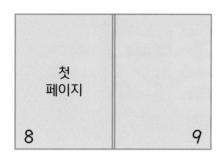
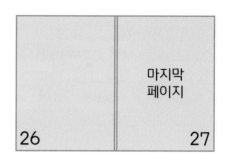

02 주어진 4장의 숫자 카드 중 2장을 사용하여 만들 수 있는 두 자리 수 중에서 홀수는 모두 몇 개인지 구해 보시오.

03 ☐ 안에 공통으로 들어갈 수 있는 수 중에서 가장 작은 수를 구해 보시오.

$$\cdot 9 + \boxed{} > 15$$
$$\cdot 18 - \boxed{} > 9$$

04 1부터 9까지의 숫자 카드 중 3장을 골라 이 중 2장을 사용하여 두 자리 수를 만들었습니다. 만든 수 중에서 둘째 번으로 큰 수가 64일 때, 3장의 숫자 카드에 적힌 숫자를 모두 구해 보시오.

05 스도쿠의 |규칙|에 따라 빈칸에 알맞은 수를 써넣으시오.

┤규칙├

① 가로줄의 각 칸에 주어진 수가 한 번씩만 들어갑니다.

② 세로줄의 각 칸에 주어진 수가 한 번씩만 들어갑니다.

③ 굵은 선으로 나누어진 부분의 각 칸에 주어진 수가 한 번씩만 들어갑니다.

1, 2, 3, 4

		3	
3	4	1	
2			3
4			1

06 가쿠로 퍼즐의 |규칙|에 따라 빈칸에 알맞은 수를 써넣으시오.

┤규칙├

① 색칠한 삼각형 안의 수는 삼각형의 오른쪽 또는 아래쪽으로 쓰인 수들의 합입니다.

② 빈칸에는 1에서 9까지의 수를 쓸 수 있습니다.

③ 삼각형과 연결된 한 줄에는 같은 수를 쓸 수 없습니다.

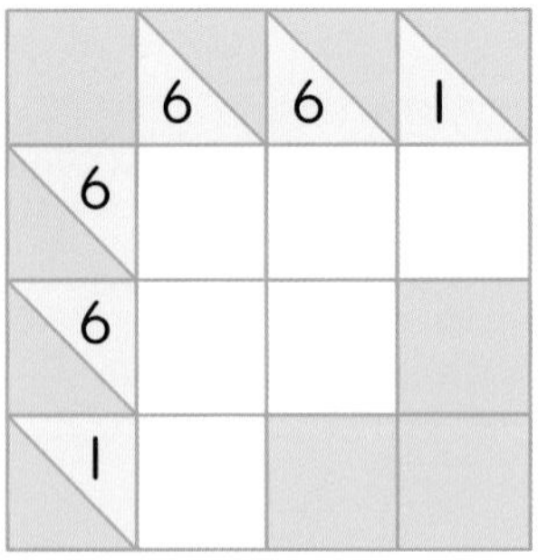

07 체인지 퍼즐의 ┤규칙├에 따라 처음 모양을 목표 모양으로 바꾸기 위해 눌러야 하는 버튼을 순서대로 　 안에 써넣으시오.

┤ 규칙 ├

위와 왼쪽의 숫자 버튼을 누르면 그 줄에 있는 모양의 색깔이 모두 반대로 바뀝니다.

08 길이가 각각 2 cm, 3 cm, 6 cm인 막대가 하나씩 있습니다. 세 막대를 사용하여 잴 수 <u>없는</u> 길이를 찾아 ○표 하시오.

2 cm	3 cm	6 cm

4 cm	5 cm	7 cm	10 cm	11 cm

09 1g, 3g, 7g짜리 추가 1개씩 있습니다. 추를 양팔 저울의 양쪽에 올려놓을 수 있을 때, 잴 수 있는 무게는 모두 몇 가지인지 구해 보시오.

10 다음 거울에 비친 시계는 40분이 늦습니다. 정확한 시각은 몇 시 몇 분입니까?

수고하셨습니다!

정답과 풀이 **47쪽** ▶

창의사고력
초등수학

팩토

팩토 는 자유롭게 자신감있게 창의적으로
생각하는 주·니·어·수·학·자입니다.

Free Active Creative Thinking O. Junior mathtian

영재학급, 영재교육원,
경시대회 준비를 위한

창의사고력
초등수학

팩토

명확한 답
친절한 풀이

Lv.2
응용 A

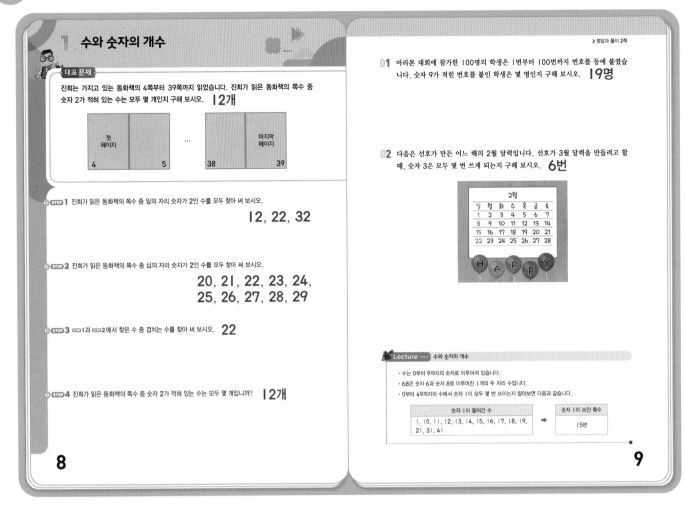

I 수

1. 수와 숫자의 개수

대표 문제

진희는 가지고 있는 동화책의 4쪽부터 39쪽까지 읽었습니다. 진희가 읽은 동화책의 쪽수 중 숫자 2가 적혀 있는 수는 모두 몇 개인지 구해 보시오. **12개**

첫 페이지 4 5 ... 38 39 마지막 페이지

STEP 1 진희가 읽은 동화책의 쪽수 중 일의 자리 숫자가 2인 수를 모두 찾아 써 보시오.

12, 22, 32

STEP 2 진희가 읽은 동화책의 쪽수 중 십의 자리 숫자가 2인 수를 모두 찾아 써 보시오.

20, 21, 22, 23, 24, 25, 26, 27, 28, 29

STEP 3 STEP 1과 STEP 2에서 찾은 수 중 겹치는 수를 찾아 써 보시오. **22**

STEP 4 진희가 읽은 동화책의 쪽수 중 숫자 2가 적혀 있는 수는 모두 몇 개입니까? **12개**

8

> 정답과 풀이 2쪽

01 마라톤 대회에 참가한 100명의 학생은 1번부터 100번까지 번호를 등에 붙였습니다. 숫자 9가 적힌 번호를 붙인 학생은 몇 명인지 구해 보시오. **19명**

02 다음은 선호가 만든 어느 해의 2월 달력입니다. 선호가 3월 달력을 만들려고 할 때, 숫자 3은 모두 몇 번 쓰게 되는지 구해 보시오. **6번**

2월

일	월	화	수	목	금	토
1	2	3	4	5	6	7
8	9	10	11	12	13	14
15	16	17	18	19	20	21
22	23	24	25	26	27	28

H A P P Y

Lecture ··· 수와 숫자의 개수

· 수는 0부터 9까지의 숫자로 이루어져 있습니다.
· 68은 숫자 6과 숫자 8로 이루어진 1개의 두 자리 수입니다.
· 0부터 49까지의 수에서 숫자 1이 모두 몇 번 쓰인지를 알아보면 다음과 같습니다.

숫자 1이 들어간 수		숫자 1이 쓰인 횟수
1, 10, 11, 12, 13, 14, 15, 16, 17, 18, 19, 21, 31, 41	➡	15번

9

대표 문제

STEP 3 일의 자리 숫자와 십의 자리 숫자가 모두 2인 수는 22입니다.

STEP 4 일의 자리에 숫자 2가 적혀 있는 수는 3개, 십의 자리에 숫자 2가 적혀 있는 수는 10개입니다.
이때 22는 두 번 세었으므로 숫자 2가 적혀 있는 수는 모두 $3 + 10 - 1 = 12$(개)입니다.

01 숫자 9가 일의 자리에 적힌 경우와 십의 자리에 적힌 경우로 구분하여 개수를 세어 봅니다.
· 일의 자리에 숫자 9가 적힌 경우:
9, 19, 29, 39, 49, 59, 69, 79, 89, 99 → 10개
· 십의 자리에 숫자 9가 적힌 경우:
90, 91, 92, 93, 94, 95, 96, 97, 98, 99 → 10개
· 일의 자리와 십의 자리에 숫자 9가 모두 적힌 경우:
99 → 1개
따라서 숫자 9가 적힌 번호를 붙인 학생은
$10 + 10 - 1 = 19$(명)입니다.

02 3월은 31일까지 있습니다.

3월

일	월	화	수	목	금	토
1	2	3	4	5	6	7
8	9	10	11	12	13	14
15	16	17	18	19	20	21
22	23	24	25	26	27	28
29	30	31				

· 일의 자리에 숫자 3을 쓰는 경우: 3, 3, 13, 23 → 4개
· 십의 자리에 숫자 3을 쓰는 경우: 30, 31 → 2개
따라서 숫자 3은 모두 $4 + 2 = 6$(번) 쓰게 됩니다.

TIP '3월'을 쓸 때에도 숫자 3이 쓰인다는 것을 빠트리지 않도록 합니다.

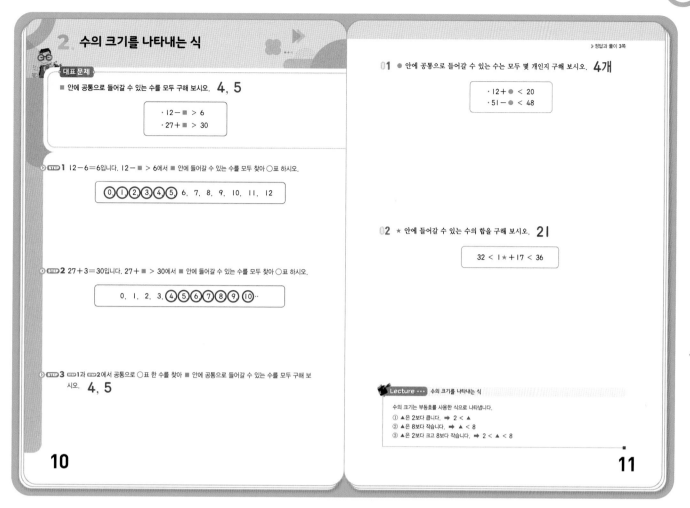

2. 수의 크기를 나타내는 식

대표 문제

■ 안에 공통으로 들어갈 수 있는 수를 모두 구해 보시오. **4, 5**

· 12 - ■ > 6
· 27 + ■ > 30

STEP 1 12-6=6입니다. 12-■ > 6에서 ■ 안에 들어갈 수 있는 수를 모두 찾아 ◯표 하시오.

⓪①②③④⑤ 6, 7, 8, 9, 10, 11, 12

STEP 2 27+3=30입니다. 27+■ > 30에서 ■ 안에 들어갈 수 있는 수를 모두 찾아 ◯표 하시오.

0, 1, 2, 3,④⑤⑥⑦⑧⑨⑩…

STEP 3 STEP1과 STEP2에서 공통으로 ◯표 한 수를 찾아 ■ 안에 공통으로 들어갈 수 있는 수를 모두 구해 보시오. **4, 5**

10

▶정답과 풀이 3쪽

01 ● 안에 공통으로 들어갈 수 있는 수는 모두 몇 개인지 구해 보시오. **4개**

· 12 + ● < 20
· 51 - ● < 48

02 ★ 안에 들어갈 수 있는 수의 합을 구해 보시오. **21**

32 < 1 ★ + 17 < 36

Lecture ··· 수의 크기를 나타내는 식

수의 크기는 부등호를 사용한 식으로 나타냅니다.
① ▲은 2보다 큽니다. ➡ 2 < ▲
② ▲은 8보다 작습니다. ➡ ▲ < 8
③ ▲은 2보다 크고 8보다 작습니다. ➡ 2 < ▲ < 8

11

대표 문제

STEP 1 12-■>6에서 ■ 안에는 0, 1, 2, 3, 4, 5가 들어갈 수 있습니다.

STEP 2 27+■>30에서 ■ 안에는 4, 5, 6, 7, 8, 9, 10…이 들어갈 수 있습니다.

STEP 3 ■ 안에 공통으로 들어갈 수 있는 수는 4, 5입니다.

01 · 12+●<20에서 ● 안에는 0, 1, 2, 3, 4, 5, 6, 7 이 들어갈 수 있습니다.
· 51-●<48에서 ● 안에는 4, 5, 6, 7, 8, 9…, 51 이 들어갈 수 있습니다.
따라서 ● 안에 공통으로 들어갈 수 있는 수는 4, 5, 6, 7 로 모두 4개입니다.

02 1★+17=■라고 하면 32<■<36이므로 ■이 될 수 있는 수는 33, 34, 35입니다.
■=33 → 1★+17=33, ★=6
■=34 → 1★+17=34, ★=7
■=35 → 1★+17=35, ★=8
따라서 ★ 안에 들어갈 수 있는 수의 합은 6+7+8=21 입니다.

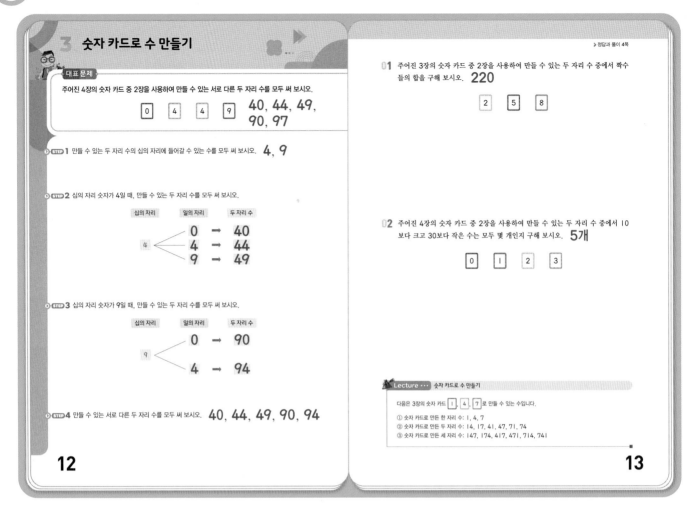

대표 문제

STEP 1 십의 자리에는 0을 놓을 수 없습니다.

STEP 2 숫자 카드 4는 두 장이므로 일의 자리에도 들어갈 수 있습니다.

STEP 3 십의 자리 숫자가 9일 때 일의 자리에는 0과 4가 들어갈 수 있습니다.

01 짝수를 만들려면 일의 자리에 2 또는 8을 놓아야 합니다.

따라서 만들 수 있는 짝수의 합은
$52+82+28+58=220$입니다.

02 10보다 크고 30보다 작은 두 자리 수를 만들려면 십의 자리에 1 또는 2를 놓아야 합니다.

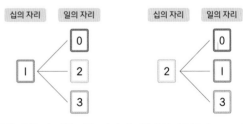

따라서 만들 수 있는 두 자리 수 중에서 10보다 크고 30보다 작은 수는 12, 13, 20, 21, 23으로 모두 5개입니다.

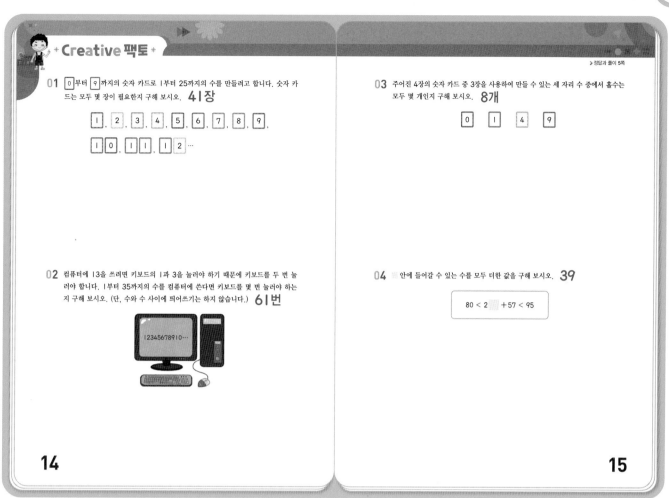

01
- (1부터 9까지의 수의 개수)=9개
  1부터 9까지의 수는 숫자 카드가 한 장씩 필요하므로 숫자 카드는 9×1=9(장)이 필요합니다.
- (10부터 25까지의 수의 개수)
  =(1부터 25까지의 수의 개수)－(1부터 9까지의 수의 개수)
  =25－9=16(개)
  10부터 25까지의 수는 숫자 카드가 두 장씩 필요하므로 숫자 카드는 16＋16=32(장)이 필요합니다.
따라서 숫자 카드는 모두 9＋32=41(장)이 필요합니다.

02
- 1부터 9까지의 수를 컴퓨터에 쓰려면 키보드를 9번 눌러야 합니다.
- (10부터 35까지의 수의 개수)
  =(1부터 35까지의 수의 개수)－(1부터 9까지의 수의 개수)
  =35－9=26(개)
  10부터 35까지의 수를 컴퓨터에 쓰려면 키보드는 26＋26=52(번) 눌러야 합니다.
따라서 1부터 35까지의 수를 컴퓨터에 쓰려면 키보드는 9＋52=61(번) 눌러야 합니다.

03
홀수를 만들려면 일의 자리에 1 또는 9를 놓아야 합니다.
일의 자리에 1 또는 9를 놓아 만들 수 있는 세 자리 수는 다음과 같습니다.

401	109
491	149
901	409
941	419

따라서 홀수는 모두 8개입니다.

04
- 80<2□＋57 → 23＋57<2□＋57 → 23<2□ 이므로, □ 안에 들어갈 수 있는 숫자는 4, 5, 6, 7, 8, 9입니다.
- 2□＋57<95 → 2□＋57<38＋57 → 2□<38 이므로 □ 안에 들어갈 수 있는 숫자는 0, 1, 2, 3, 4, 5, 6, 7, 8, 9입니다.
따라서 □ 안에 공통으로 들어갈 수 있는 숫자는 4, 5, 6, 7, 8, 9이고, 합은 4＋5＋6＋7＋8＋9=39입니다.

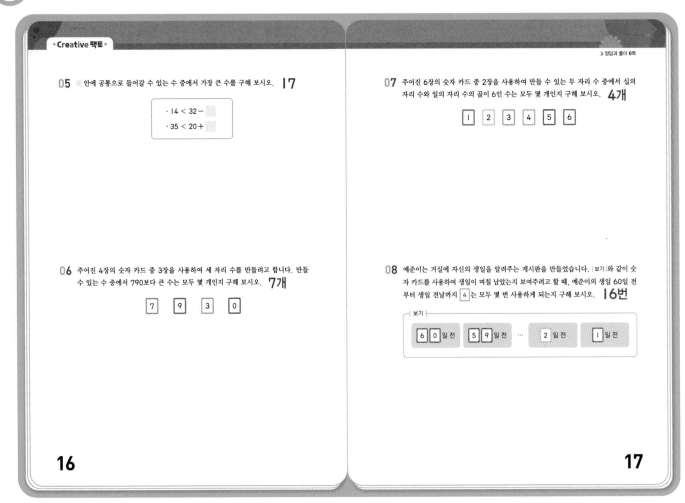

05 ▥ 안에 공통으로 들어갈 수 있는 수 중에서 가장 큰 수를 구해 보시오. **17**

- 14 < 32 - ▥
- 35 < 20 + ▥

06 주어진 4장의 숫자 카드 중 3장을 사용하여 세 자리 수를 만들려고 합니다. 만들 수 있는 수 중에서 790보다 큰 수는 모두 몇 개인지 구해 보시오. **7개**

[7] [9] [3] [0]

07 주어진 6장의 숫자 카드 중 2장을 사용하여 만들 수 있는 두 자리 수 중에서 십의 자리 수와 일의 자리 수의 곱이 6인 수는 모두 몇 개인지 구해 보시오. **4개**

[1] [2] [3] [4] [5] [6]

08 예준이는 거실에 자신의 생일을 알려주는 게시판을 만들었습니다. |보기|와 같이 숫자 카드를 사용하여 생일이 며칠 남았는지 보여주려고 할 때, 예준이의 생일 60일 전부터 생일 전날까지 [4]는 모두 몇 번 사용하게 되는지 구해 보시오. **16번**

| 보기 |
[6][0]일 전 [5][9]일 전 … [2]일 전 [1]일 전

16

17

05
- 32 - 18 = 14이므로 14 < 32 - □에서 □ 안에 들어갈 수 있는 수는 18보다 작은 수입니다.
  → 0, 1, 2, 3…, 15, 16, 17
- 20 + 15 = 35이므로 35 < 20 + □에서 □ 안에 들어갈 수 있는 수는 15보다 큰 수입니다. → 16, 17, 18…

따라서 □ 안에 공통으로 들어갈 수 있는 수는 16, 17입니다. 이 중에서 가장 큰 수는 17입니다.

06 790보다 큰 세 자리 수를 만들려면 백의 자리에 7 또는 9를 놓아야 합니다.

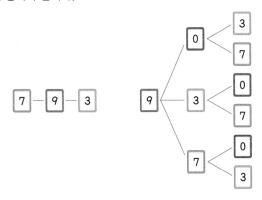

따라서 만들 수 있는 세 자리 수 중에서 790보다 큰 수는 793, 903, 907, 930, 937, 970, 973으로 모두 7개입니다.

07 두 수의 곱이 6인 식은 1 × 6 = 6, 2 × 3 = 6입니다. 1과 6으로 두 자리 수를 만들면 16, 61이고, 2와 3으로 두 자리 수를 만들면 23, 32입니다.
따라서 십의 자리 수와 일의 자리 수의 곱이 6인 수는 모두 4개입니다.

08
- 일의 자리에 숫자 카드 4가 사용된 경우:
  54일, 44일, 34일, 24일, 14일, 4일 → 6번
- 십의 자리에 숫자 카드 4가 사용된 경우:
  49일, 48일, 47일, 46일, 45일, 44일, 43일, 42일, 41일, 40일 → 10번

따라서 숫자 카드 4는 모두 6 + 10 = 16(번) 사용하게 됩니다.

4. 숫자가 가려진 수의 크기 비교

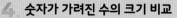

대표 문제

수종이와 친구들이 모은 우표의 수를 나타낸 표입니다. 그런데 몇 개의 숫자가 가려져서 보이지 않습니다. 가려진 숫자가 모두 다를 때 세윤, 현희, 연수가 모은 우표의 수를 각각 구해 보시오.

이름	수종	세윤	현희	연수
우표의 수(장)	221	2●3	★93	19◆
많이 모은 순서	1	2	3	4

세윤: 203장, 현희: 193장, 연수: 192장

STEP 1 현희는 수종보다 우표를 더 적게 모았습니다. 현희가 모은 우표의 수에서 백의 자리 숫자를 구하고, 현희가 모은 우표의 수를 써 보시오. **193장**

$$221 > ★93 \Rightarrow ★ = 1$$

STEP 2 세윤이가 모은 우표의 수에서 십의 자리에 들어갈 수 있는 숫자를 모두 찾아 써 보시오.

$$221 > 2●3 \Rightarrow ● = 0, 1$$

STEP 3 가려진 숫자는 모두 다릅니다. STEP1과 STEP2를 이용하여 세윤이가 모은 우표의 수를 써 보시오. **203장**

STEP 4 연수가 모은 우표의 수에서 일의 자리에 들어갈 수 있는 숫자를 모두 찾아 써 보시오.

$$★93 > 19◆ \Rightarrow ◆ = 0, 1, 2$$

STEP 5 가려진 숫자는 모두 다릅니다. STEP1과 STEP4를 이용하여 연수가 모은 우표의 수를 써 보시오. **192장**

18

▶정답과 풀이 7쪽

01 태민이와 친구들이 접은 종이학의 수를 나타낸 표입니다. 몇 개의 숫자가 지워져서 보이지 않습니다. 태민, 석현, 하빈, 지민이의 순서로 종이학을 많이 접었다면 태민이와 하빈이가 접은 종이학은 각각 몇 개인지 구해 보시오.

이름	태민	석현	하빈	지민
종이학의 수(개)	20	2 8	1 2	187

태민: 209개, 하빈: 192개

02 주어진 숫자 카드를 모두 사용하여 수의 크기에 맞게 식을 완성해 보시오.

[3 6] [3 4] [4 5]

$$\boxed{3}\,\boxed{5}\,\boxed{6} < \boxed{4}\,\boxed{5}\,\boxed{3} < \boxed{5}\,\boxed{4}\,\boxed{3}$$

Lecture … 숫자가 가려진 수의 크기 비교

숫자가 가려진 수의 크기를 비교할 경우 다음과 같은 방법으로 가려진 숫자를 구해 봅니다.

$$18■ < 181 < 1●0$$

STEP1 | $18■ < 181 < 1●0$ $\Rightarrow$ STEP2 | $18■ < 181 < 1●0$
$180 = 180$ ~ $100 = 100$
$■ < 1 \rightarrow ■ = 0$ ~ $81 < ●0 \rightarrow ● = 9$

따라서 ■ = 0, ● = 9입니다.

19

대표 문제

STEP 3 가려진 숫자는 모두 다릅니다. STEP1에서 ★ = 1이므로, ● = 0입니다. 따라서 세윤이는 우표를 203장 모았습니다.

STEP 4 연수는 현희보다 우표를 더 적게 모았습니다. 193 > 19◆에서 ◆ 안에 들어갈 수 있는 숫자는 0, 1, 2입니다.

STEP 5 가려진 숫자는 모두 다릅니다. STEP1에서 ★ = 1, STEP3에서 ● = 0이므로, ◆ = 2입니다. 따라서 연수는 우표를 192장 모았습니다.

01
- 태민이는 석현이보다 종이학을 더 많이 접었으므로 20□ > 2□8입니다.
20□는 200부터 209까지의 수이고 20□ > 2□8이므로 태민이가 접은 종이학은 209개입니다.
- 하빈이는 지민이보다 종이학을 더 많이 접었으므로 1□2 > 187입니다.
일의 자리 수를 비교하면 2 < 7이므로 □ = 9입니다.
따라서 하빈이가 접은 종이학은 192개입니다.

02

$$\boxed{}\,\boxed{5}\,\boxed{} < \boxed{}\,\boxed{5}\,\boxed{} < \boxed{}\,\boxed{}\,\boxed{3}$$
①   ②

① 두 수 모두 백의 자리에 3을 놓으면 356 > 354이므로 주어진 수의 크기 비교에 맞지 않습니다. 따라서 왼쪽의 백의 자리에는 3, 오른쪽의 백의 자리에는 4를 놓습니다. → 356 < 453

② 오른쪽 수의 백의 자리에 4를 놓으면 453 = 453이므로 주어진 수의 크기 비교에 맞지 않습니다. 따라서 오른쪽의 백의 자리에 5를 놓습니다. → 453 < 543

5. 몇째 번 수 만들기

대표문제

서로 다른 3장의 숫자 카드 중 2장을 사용하여 두 자리 수를 만들었습니다. 만든 수를 큰 순서대로 쓰면 다음과 같습니다. 만든 수 중에서 가장 큰 수와 가장 작은 수를 각각 구해 보시오.

□□ > [2][0] > □□ > □□

가장 큰 수: 21, 가장 작은 수: 10

STEP 1 20보다 작은 두 자리 수의 십의 자리에 알맞은 숫자를 써넣으시오.

[2][0] > [1]□ > [1]□

STEP 2 서로 다른 3장의 숫자 카드 중 모르는 한 장의 숫자 카드에 적힌 숫자를 써 보시오. **1**

□ [2] [0]

STEP 3 3장의 숫자 카드 중 2장을 사용하여 다음 식을 완성하고, 만든 수 중에서 가장 큰 수와 가장 작은 수를 각각 구해 보시오. **가장 큰 수: 21, 가장 작은 수: 10**

[2][1] > [2][0] > [1][2] > [1][0]

20

> 정답과 풀이 8쪽

01 주어진 4장의 숫자 카드 중 2장을 사용하여 만들 수 있는 두 자리 수 중에서 둘째 번으로 큰 수와 둘째 번으로 작은 수의 합을 구해 보시오. **107**

[2] [5] [8] [0]

02 서로 다른 3장의 숫자 카드 중 2장을 사용하여 두 자리 수를 만들었습니다. 만든 수 중에서 둘째 번으로 작은 수가 79일 때, 3장의 숫자 카드에 적힌 숫자를 모두 구해 보시오. **7, 8, 9**

Lecture ⋯ 몇째 번 수 만들기

[0], [1], [4] 3장의 숫자 카드 중 2장을 사용하여 두 자리 수를 만들고 수의 크기를 나타내면 다음과 같습니다.

십의 자리	일의 자리	두 자리 수	
1	0	[1][0]	가장 작은 수
	4	[1][4]	둘째 번으로 작은 수
4	0	[4][0]	둘째 번으로 큰 수
	1	[4][1]	가장 큰 수

21

대표문제

STEP 1 20보다 작은 두 자리 수는 모두 십의 자리 숫자가 1이어야 합니다.

STEP 2 20보다 작은 두 자리 수는 모두 십의 자리 숫자가 1이어야 하므로 나머지 한 장의 숫자 카드에 적힌 숫자는 1입니다.

STEP 3 3장의 숫자 카드로 만들 수 있는 두 자리 수 중에서 20보다 큰 수는 21이고, 가장 작은 수는 10입니다.

01 8>5>2>0이므로 만들 수 있는 가장 큰 수는 85이고 둘째 번으로 큰 수는 82입니다.
십의 자리에 0을 놓을 수 없으므로 만들 수 있는 가장 작은 수는 20이고 둘째 번으로 작은 수는 25입니다.
따라서 둘째 번으로 큰 수와 둘째 번으로 작은 수의 합은 82+25=107입니다.

02 • □가 7보다 작은 수인 6이라고 하면 3장의 숫자 카드는 6, 7, 9입니다.
이때 가장 작은 수는 67, 둘째 번으로 작은 수는 69가 되어 문제의 조건과 맞지 않습니다.
따라서 □가 7보다 작은 수인 모든 경우 79가 둘째 번으로 작은 수라는 조건과 맞지 않습니다.
• □가 7보다 큰 수인 8이라고 하면 3장의 숫자 카드는 7, 8, 9입니다.
이때 가장 작은 수는 78, 둘째 번으로 작은 수는 79이므로 문제의 조건과 맞습니다.

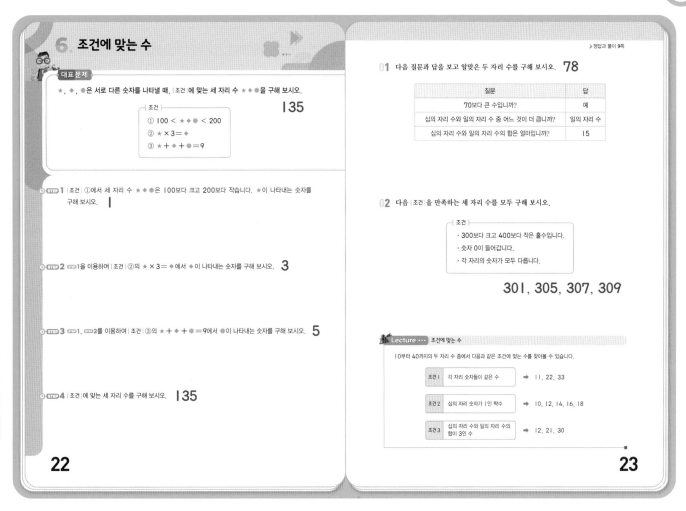

6. 조건에 맞는 수

대표 문제

★, ◆, ●은 서로 다른 숫자를 나타낼 때, 조건 에 맞는 세 자리 수 ★◆●을 구해 보시오. **135**

┌ 조건 ┐
① $100 <$ ★◆● < 200
② ★ $× 3 =$ ◆
③ ★ $+$ ◆ $+$ ● $= 9$

STEP 1 조건 ①에서 세 자리 수 ★◆●은 100보다 크고 200보다 작습니다. ★이 나타내는 숫자를 구해 보시오. **1**

STEP 2 STEP1을 이용하여 조건 ②의 ★ $× 3 =$ ◆에서 ◆이 나타내는 숫자를 구해 보시오. **3**

STEP 3 STEP1, STEP2를 이용하여 조건 ③의 ★ $+$ ◆ $+$ ● $= 9$에서 ●이 나타내는 숫자를 구해 보시오. **5**

STEP 4 조건 에 맞는 세 자리 수를 구해 보시오. **135**

22

01 다음 질문과 답을 보고 알맞은 두 자리 수를 구해 보시오. **78**

질문	답
70보다 큰 수입니까?	예
십의 자리 수와 일의 자리 수 중 어느 것이 더 큽니까?	일의 자리 수
십의 자리 수와 일의 자리 수의 합은 얼마입니까?	15

02 다음 조건 을 만족하는 세 자리 수를 모두 구해 보시오.

┌ 조건 ┐
· 300보다 크고 400보다 작은 홀수입니다.
· 숫자 0이 들어갑니다.
· 각 자리의 숫자가 모두 다릅니다.

301, 305, 307, 309

Lecture ··· 조건에 맞는 수

10부터 40까지의 두 자리 수 중에서 다음과 같은 조건에 맞는 수를 찾아볼 수 있습니다.

조건1	각 자리 숫자들이 같은 수	➡	11, 22, 33
조건2	십의 자리 숫자가 1인 짝수	➡	10, 12, 14, 16, 18
조건3	십의 자리 수와 일의 자리 수의 합이 3인 수	➡	12, 21, 30

23

대표 문제

STEP 1 100보다 크고 200보다 작은 세 자리 수의 백의 자리 숫자는 1입니다.

STEP 2 ★ $= 1$이므로 ◆ $= 1 × 3 = 3$입니다.

STEP 3 ★ $= 1$, ◆ $= 3$이므로 $1 + 3 +$ ● $= 9$, ● $= 5$입니다.

STEP 4 ★ $= 1$, ◆ $= 3$, ● $= 5$이므로 구하는 수 ★◆●은 135입니다.

01 순서에 따라 조건에 맞는 수를 구합니다.

70보다 큰 수입니까? → 예	71, 72, 73, 74, 75, 76, 77, 78, 79, 80, 81···
십의 자리 수와 일의 자리 수 중 어느 것이 더 큽니까? → 일의 자리 수	78, 79, 89
십의 자리 수와 일의 자리 수의 합은 얼마입니까? → 15	$7 + 8 = 15$, $7 + 9 = 16$, $8 + 9 = 17$이므로 조건에 맞는 수는 78입니다.

02 · 300보다 크고 400보다 작은 홀수입니다.
   → 301, 303, 305, 307···, 399
· 숫자 0이 들어갑니다. 이때 세 자리 수는 홀수이므로 0은 십의 자리 숫자입니다.
   → 301, 303, 305, 307, 309
· 각 자리의 숫자가 모두 다릅니다.
   → 301, 305, 307, 309

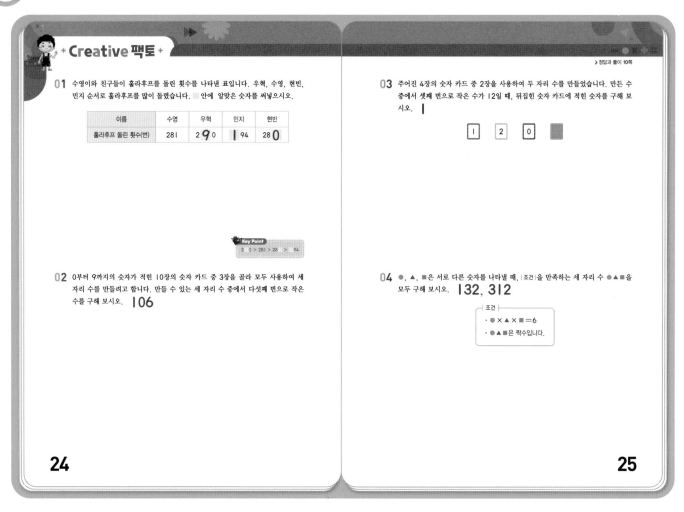

✦ Creative 팩토 ✦

01 수영이와 친구들이 훌라후프를 돌린 횟수를 나타낸 표입니다. 우혁, 수영, 현빈, 민지 순서로 훌라후프를 많이 돌렸습니다. ▥ 안에 알맞은 숫자를 써넣으시오.

이름	수영	우혁	민지	현빈
훌라후프 돌린 횟수(번)	281	2 **9** 0	**1** 94	28 **0**

Key Point
2 **0** > 281 > 28 **> 94**

02 0부터 9까지의 숫자가 적힌 10장의 숫자 카드 중 3장을 골라 모두 사용하여 세 자리 수를 만들려고 합니다. 만들 수 있는 세 자리 수 중에서 다섯째 번으로 작은 수를 구해 보시오. **106**

03 주어진 4장의 숫자 카드 중 2장을 사용하여 두 자리 수를 만들었습니다. 만든 수 중에서 셋째 번으로 작은 수가 12일 때, 뒤집힌 숫자 카드에 적힌 숫자를 구해 보시오. **1**

[1] [2] [0] [▨]

04 ●, ▲, ▥은 서로 다른 숫자를 나타낼 때, |조건|을 만족하는 세 자리 수 ●▲▥을 모두 구해 보시오. **132, 312**

┌─ 조건 ─┐
· ● × ▲ × ▥ ＝6
· ●▲▥은 짝수입니다.

24

25

---

01 · 우혁이가 수영이보다 훌라후프를 더 많이 돌렸으므로 2□0>281입니다.
2□0>281에서 □＝9이므로 우혁이가 훌라후프를 돌린 횟수는 290번입니다.
· 수영이가 현빈이보다 훌라후프를 더 많이 돌렸으므로 281>28□입니다.
281>28□에서 □＝0이므로 현빈이가 훌라후프를 돌린 횟수는 280번입니다.
· 현빈이가 민지보다 훌라후프를 더 많이 돌렸으므로 280>□94입니다.
280>□94에서 □＝1이므로 민지가 훌라후프를 돌린 횟수는 194번입니다.

02 0부터 9까지의 숫자 카드 중 3장의 숫자 카드로 만들 수 있는 가장 작은 수는 102입니다.
가장 작은 수부터 순서대로 쓰면 102, 103, 104, 105, 106…이므로 다섯째 번으로 작은 수는 106입니다.

TIP 101은 숫자 카드 1이 2장 필요하므로 숫자 카드 3장을 사용한다는 조건에 맞지 않습니다.

03 1, 2, 0, □로 만들 수 있는 가장 작은 두 자리 수는 10입니다.
셋째 번으로 작은 수가 12이면, 둘째 번으로 작은 수는 10보다 크고 12보다 작은 수인 11입니다.
따라서 뒤집힌 숫자 카드에 적힌 숫자는 1입니다.

04 · ● × ▲ × ▥ ＝6을 만족하는 식은 1×2×3＝6입니다.
따라서 ●, ▲, ▥은 각각 1, 2, 3 중 하나의 숫자입니다.
· ●▲▥은 짝수이므로 ▲＝2입니다.
따라서 조건을 만족하는 세 자리 수는 132, 312입니다.

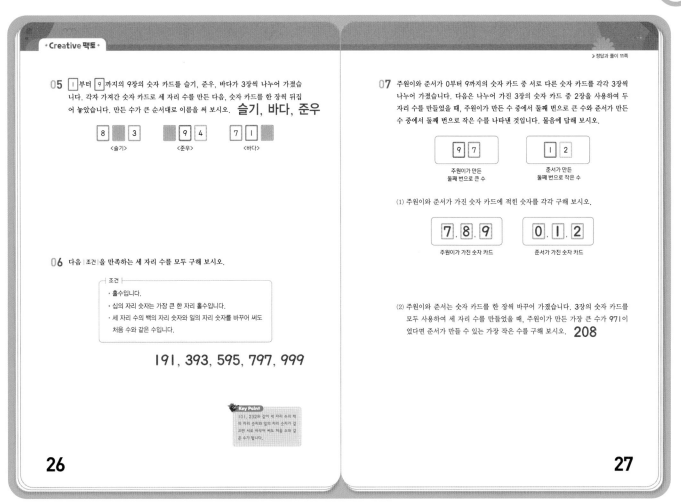

05 1부터 9까지의 9장의 숫자 카드를 슬기, 준우, 바다가 3장씩 나누어 가졌습니다. 각자 가져간 숫자 카드로 세 자리 수를 만든 다음, 숫자 카드를 한 장씩 뒤집어 놓았습니다. 만든 수가 큰 순서대로 이름을 써 보시오. **슬기, 바다, 준우**

8 ■ 3 ■ 9 4 7 1 ■
〈슬기〉 〈준우〉 〈바다〉

06 다음 |조건|을 만족하는 세 자리 수를 모두 구해 보시오.

조건
· 홀수입니다.
· 십의 자리 숫자는 가장 큰 한 자리 홀수입니다.
· 세 자리 수의 백의 자리 숫자와 일의 자리 숫자를 바꾸어 써도 처음 수와 같습니다.

191, 393, 595, 797, 999

Key Point
101, 232와 같이 세 자리 수의 백의 자리 숫자와 일의 자리 숫자가 같으면 서로 바꾸어 써도 처음 수와 같은 수가 됩니다.

07 주원이와 준서가 0부터 9까지의 숫자 카드 중 서로 다른 숫자 카드를 각각 3장씩 나누어 가졌습니다. 다음은 나누어 가진 3장의 숫자 카드 중 2장을 사용하여 두 자리 수를 만들었을 때, 주원이가 만든 수 중에서 둘째 번으로 큰 수와 준서가 만든 수 중에서 둘째 번으로 작은 수를 나타낸 것입니다. 물음에 답해 보시오.

9 7 1 2
주원이가 만든 준서가 만든
둘째 번으로 큰 수 둘째 번으로 작은 수

(1) 주원이와 준서가 가진 숫자 카드에 적힌 숫자를 각각 구해 보시오.

7, 8, 9 0, 1, 2
주원이가 가진 숫자 카드 준서가 가진 숫자 카드

(2) 주원이와 준서는 숫자 카드를 한 장씩 바꾸어 가졌습니다. 3장의 숫자 카드를 모두 사용하여 세 자리 수를 만들었을 때, 주원이가 만든 가장 큰 수가 971이었다면 준서가 만들 수 있는 가장 작은 수를 구해 보시오. **208**

26

27

05 사용하지 않은 숫자 카드는 2, 5, 6입니다.
준우가 만든 세 자리 수 □94의 □ 안에 2, 5, 6 중 가장 큰 수인 6을 넣어 수의 크기를 비교해 봅니다.
슬기: 8□3   준우: 694   바다: 71□
백의 자리 수를 비교하면 8>7>6이므로 만든 수가 큰 순서대로 이름을 쓰면 슬기, 바다, 준우입니다.

06

세 자리 수인 홀수입니다.	□□1, □□3, □□5, □□7, □□9
십의 자리 숫자는 가장 큰 한 자리 홀수입니다.	□91, □93, □95, □97, □99
세 자리 수의 백의 자리 숫자와 일의 자리 숫자를 바꾸어 써도 처음 수와 같은 수입니다.	백의 자리 숫자와 일의 자리 숫자가 같아야 합니다. 191, 393, 595, 797, 999

07 (1) · 주원이가 만든 둘째 번으로 큰 수가 97이므로 가장 큰 수는 98입니다.
따라서 주원이가 가진 숫자 카드는 7, 8, 9입니다.
· 준서가 만든 둘째 번으로 작은 수가 12이므로 가장 작은 수는 10입니다.
따라서 준서가 가진 숫자 카드는 0, 1, 2입니다.

(2) 주원이와 준서가 숫자 카드 한 장씩을 바꾸어 가졌을 때, 주원이가 만든 가장 큰 수가 971이므로 주원이와 준서는 8 카드와 1 카드를 서로 바꾸어 가졌습니다.
따라서 준서가 가진 숫자 카드는 0, 2, 8이므로 만들 수 있는 가장 작은 세 자리 수는 208입니다.

+ Perfect 경시대회 +

▶정답과 풀이 12쪽

01 100부터 300까지의 세 자리 수 중에서 숫자 0이 한 번만 쓰인 수는 모두 몇 개인지 구해 보시오. **36개**

> **Key Point**
> 일의 자리, 십의 자리의 숫자가 0인 경우를 나누어 알아봅니다.

02 400보다 크고 500보다 작은 세 자리 수 중에서 |보기|와 같이 백의 자리 수보다 십의 자리 수가 더 크고, 십의 자리 수보다 일의 자리 수가 더 큰 수는 모두 몇 개인지 구해 보시오. **10개**

┌ 보기 ─────────────┐
│   237   │
│   │
│   2 < 3 < 7   │
│   ↑   ↑   ↑   │
│ 백의 자리 수 십의 자리 수 일의 자리 수 │
└───────────────────┘

03 구슬의 숫자를 두 번까지 사용하여 만들 수 있는 두 자리 수 중에서 일의 자리 수와 십의 자리 수의 합이 6인 수는 모두 몇 개인지 구해 보시오. **6개**

04 다음 |조건|에 맞는 세 자리 수를 모두 구해 보시오.

┌ 조건 ─────────────────────┐
│ • 짝수입니다.   │
│ • 일의 자리 숫자와 십의 자리 숫자를 바꾸어 만든 수는 처음 수보다 │
│   9만큼 더 작습니다.   │
│ • 백의 자리 숫자와 십의 자리 숫자를 바꾸어 만든 수는 처음 수보다 │
│   90만큼 더 작습니다.   │
└───────────────────────────┘

210, 432, 654, 876

---

01 일의 자리의 숫자와 십의 자리 숫자가 0인 경우로 나누어 알아봅니다.
- 일의 자리 숫자가 0인 경우:
  110, 120, 130…, 180, 190 → 9개
  210, 220, 230…, 280, 290 → 9개
- 십의 자리 숫자가 0인 경우:
  101, 102, 103…, 108, 109 → 9개
  201, 202, 203…, 208, 209 → 9개

따라서 숫자 0이 한 번만 쓰인 수는 모두
9+9+9+9=36(개)입니다.

02 400보다 크고 500보다 작은 세 자리 수이므로 백의 자리 수는 4입니다.
4보다 큰 수 5, 6, 7, 8, 9를 십의 자리에 넣고 일의 자리 수가 더 큰 수를 찾아보면 다음과 같습니다.

456   467   478   489
457   468   479
458   469
459

따라서 구하려는 수는 모두 10개입니다.

03 두 수의 합이 6인 식은 0+6=6, 1+5=6,
2+4=6, 3+3=6입니다.
0과 6, 1과 5, 2와 4, 3과 3으로 두 자리 수를 만들면
60, 15, 51, 24, 42, 33이므로 모두 6개입니다.

04

세 자리 수인 짝수입니다.	□□0, □□2, □□4, □□6, □□8
일의 자리 숫자와 십의 자리 숫자를 바꾸어 만든 수는 처음 수보다 9만큼 더 작습니다.	□10, □32, □54, □76, □98
백의 자리 숫자와 십의 자리 숫자를 바꾸어 만든 수는 처음 수보다 90만큼 더 작습니다.	210, 432, 654, 876

 * Challenge 영재교육원 *

▶ 정답과 풀이 13쪽

01 주어진 수에서 막대 1개를 옮겨서 만들 수 있는 서로 다른 두 자리 수를 모두 만든 다음 가장 큰 수에 ○표 하시오. 온라인 활동지

보기

38 → 28, 58, 96, 99, 90

(1) 65 → 95, 56, 59, 63

(2) 93 → 63, 39, 59, 92, 95

02 보기와 같이 숫자 카드를 모두 사용하여 조건에 맞는 수를 여러 가지 방법으로 만들어 보시오.

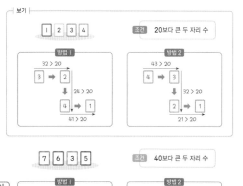

보기

| 1 | 2 | 3 | 4 | 조건 20보다 큰 두 자리 수

방법 1
32 > 20
3 → 2
24 > 20
4 → 1
41 > 20

방법 2
43 > 20
4 → 3
32 > 20
2 → 1
21 > 20

| 7 | 6 | 3 | 5 | 조건 40보다 큰 두 자리 수

예시답안

방법 1
6 → 5
7 → 3

방법 2
7 → 5
6 → 3

방법 3
5 → 6
7 → 3

방법 4
5 → 7
6 → 3

30

31

01

(1) 65 → 95, 56, 59, 63
→ 가장 큰 수는 95입니다.

(2) 93 → 63, 39, 59, 92, 95
→ 가장 큰 수는 95입니다.

02 여러 가지 방법이 있습니다.

예시답안

6 → 7
5 → 3

7 → 6
5 → 3

 **TIP** 40보다 큰 수를 만들려면 3은 십의 자리에 놓을 수 없으므로 마지막 자리에 놓아야 합니다.

□ → □
□ → 3

1 노노그램

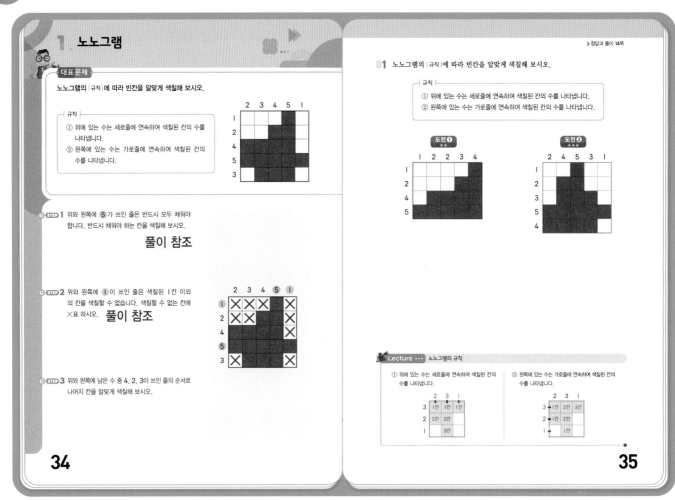

대표 문제

노노그램의 규칙에 따라 빈칸을 알맞게 색칠해 보시오.

┤규칙├
① 위에 있는 수는 세로줄에 연속하여 색칠된 칸의 수를 나타냅니다.
② 왼쪽에 있는 수는 가로줄에 연속하여 색칠된 칸의 수를 나타냅니다.

STEP 1 위와 왼쪽에 ⑤가 쓰인 줄은 반드시 모두 채워야 합니다. 반드시 채워야 하는 칸을 색칠해 보시오.

풀이 참조

STEP 2 위와 왼쪽에 ①이 쓰인 줄은 색칠된 1칸 이외의 칸을 색칠할 수 없습니다. 색칠할 수 없는 칸에 ×표 하시오. **풀이 참조**

STEP 3 위와 왼쪽에 남은 수 중 4, 2, 3이 쓰인 줄의 순서로 나머지 칸을 알맞게 색칠해 보시오.

34

01 노노그램의 규칙에 따라 빈칸을 알맞게 색칠해 보시오.

┤규칙├
① 위에 있는 수는 세로줄에 연속하여 색칠된 칸의 수를 나타냅니다.
② 왼쪽에 있는 수는 가로줄에 연속하여 색칠된 칸의 수를 나타냅니다.

도전 ❶ ★★

도전 ❷ ★★★

┤Lecture ··· 노노그램의 규칙├
① 위에 있는 수는 세로줄에 연속하여 색칠된 칸의 수를 나타냅니다.
② 왼쪽에 있는 수는 가로줄에 연속하여 색칠된 칸의 수를 나타냅니다.

35

대표 문제

STEP 1

STEP 2

STEP 3

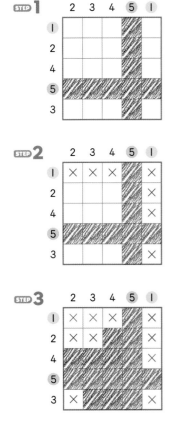

01 **도전 ❶** ★★

도전 ❷ ★★★

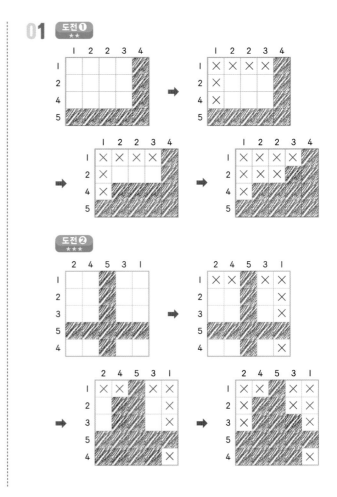

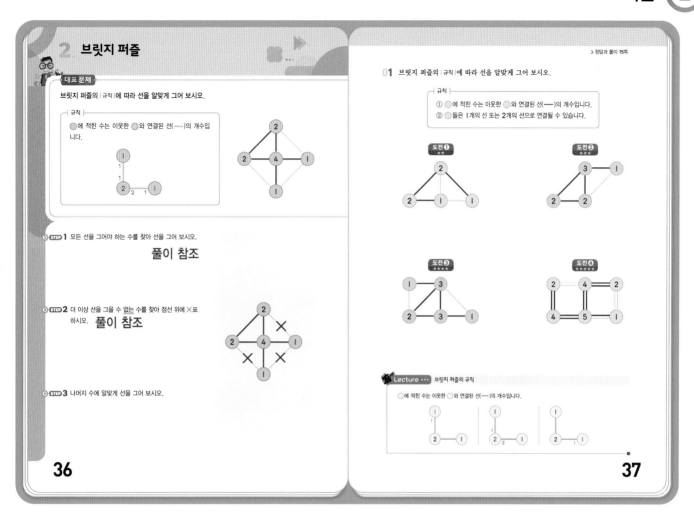

대표 문제

STEP 1 ○ 안의 수와 선의 수가 같은 곳을 찾습니다.

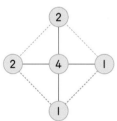

STEP 2

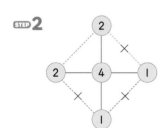

STEP 3

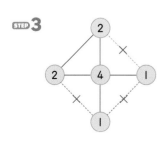

01 도전❷

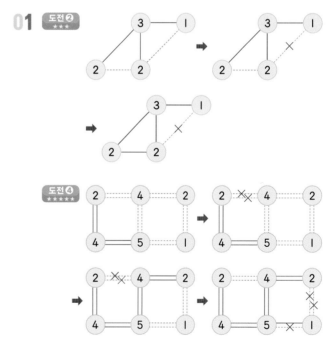

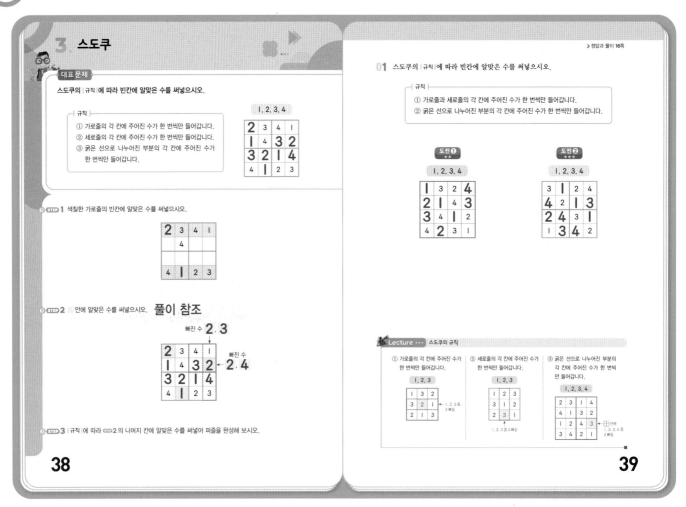

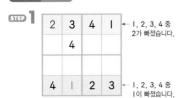

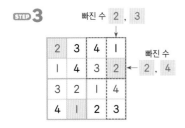
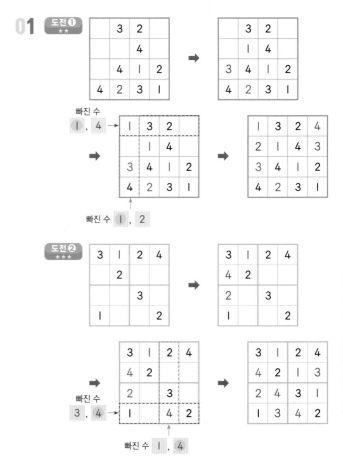

Creative 팩토

▶정답과 풀이 17쪽

01 노노그램의 규칙에 따라 빈칸을 알맞게 색칠해 보시오.

┌ 규칙 ┐
① 위에 있는 수는 세로줄에 연속하여 색칠된 칸의 수를 나타냅니다.
② 왼쪽에 있는 수는 가로줄에 연속하여 색칠된 칸의 수를 나타냅니다.

02 브릿지 퍼즐의 규칙에 따라 선을 알맞게 그어 보시오.

┌ 규칙 ┐
🔵에 적힌 수는 이웃한 🔵와 연결된 선(──)의 개수입니다.

03 스도쿠의 규칙에 따라 빈칸에 알맞은 수를 써넣으시오.

┌ 규칙 ┐
① 가로줄과 세로줄의 각 칸에 주어진 수가 한 번씩만 들어갑니다.
② 굵은 선으로 나누어진 부분의 각 칸에 주어진 수가 한 번씩만 들어갑니다.

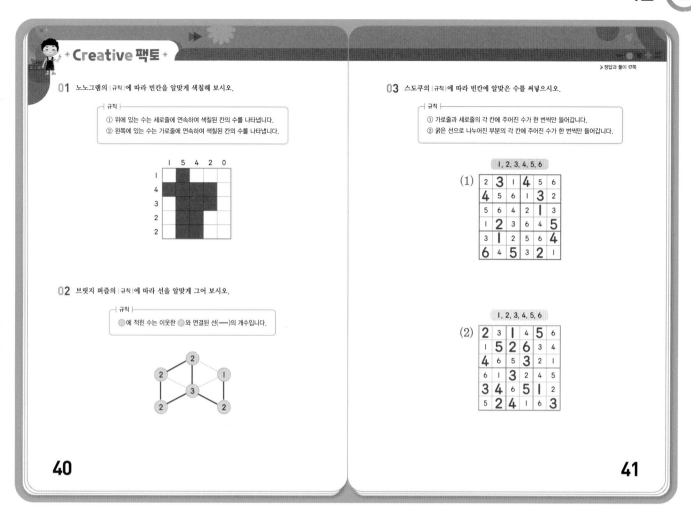

(1) 1, 2, 3, 4, 5, 6

2	3	1	4	5	6
4	5	6	1	3	2
5	6	4	2	1	3
1	2	3	6	4	5
3	1	2	5	6	4
6	4	5	3	2	1

(2) 1, 2, 3, 4, 5, 6

2	3	1	4	5	6
1	5	2	6	3	4
4	6	5	3	2	1
6	1	3	2	4	5
3	4	6	5	1	2
5	2	4	1	6	3

40

41

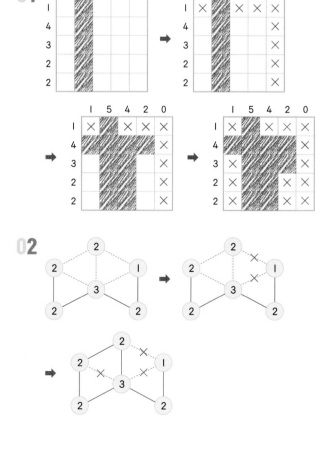

• Creative 팩토 •

▶ 정답과 풀이 18쪽

04 노노그램의 |규칙|에 따라 빈칸을 알맞게 색칠해 보시오.

┌ 규칙 ┐
① 위에 있는 수는 세로줄에 연속하여 색칠된 칸의 수를 나타냅니다.
② 왼쪽에 있는 수는 가로줄에 연속하여 색칠된 칸의 수를 나타냅니다.

06 스도쿠의 |규칙|에 따라 빈칸에 알맞은 수를 써넣으시오.

┌ 규칙 ┐
① 가로줄과 세로줄의 각 칸에 주어진 수가 한 번씩만 들어갑니다.
② 굵은 선으로 나누어진 부분의 각 칸에 주어진 수가 한 번씩만 들어갑니다.

05 브릿지 퍼즐의 |규칙|에 따라 선을 알맞게 그어 보시오.

┌ 규칙 ┐
① ●에 적힌 수는 이웃한 ●와 연결된 선(━)의 개수입니다.
② ●들은 1개 또는 2개의 선으로만 연결될 수 있습니다.

07 |규칙|에 따라 빈 곳에 알맞은 수를 써넣으시오.

┌ 규칙 ┐
① 가로줄과 세로줄의 각 ○ 안에 주어진 수가 한 번씩만 들어갑니다.
② 같은 색으로 연결된 선의 각 ○ 안에 주어진 수가 한 번씩만 들어갑니다.

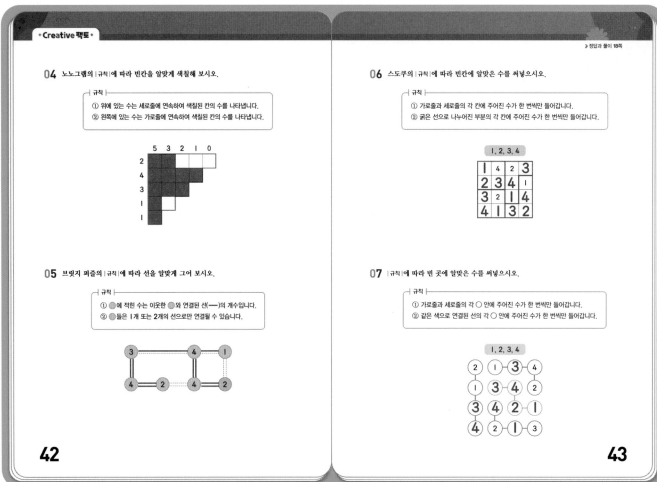

42

43

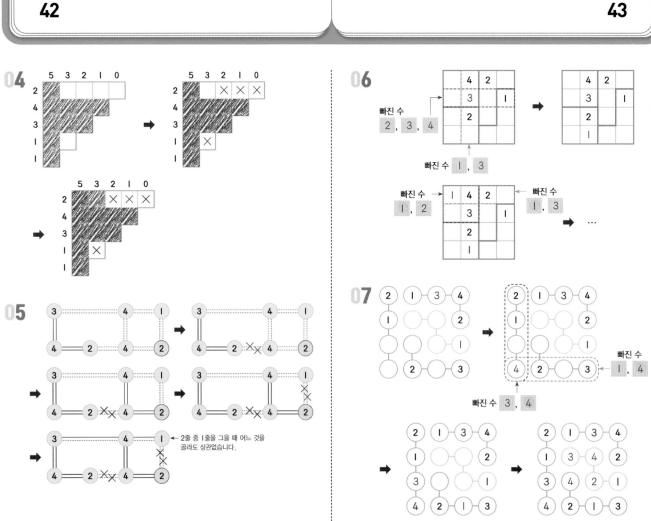

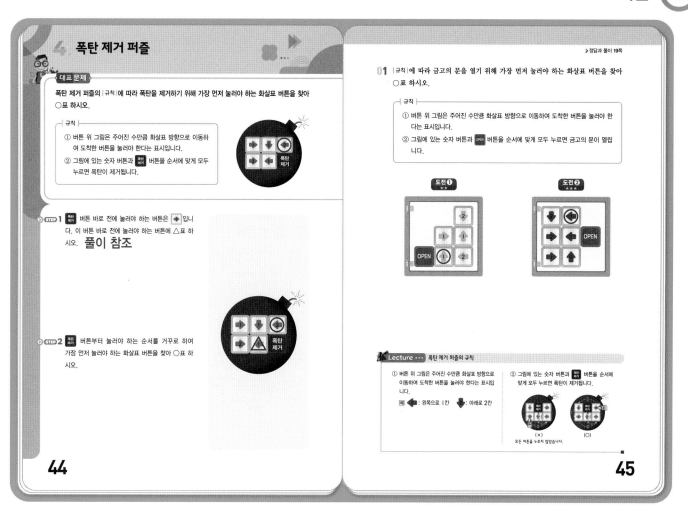

대표 문제

STEP 1

🔢 버튼의 위치로 이동하게 하는 버튼은 ◀ 입니다.

STEP 2

폭탄제거 버튼부터 눌러야 하는 순서를 거꾸로 하여 번호를 쓰면서 가장 먼저 눌러야 하는 버튼을 찾습니다.

01 도전 ❶ ★★

도전 ❷ ★★★

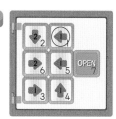

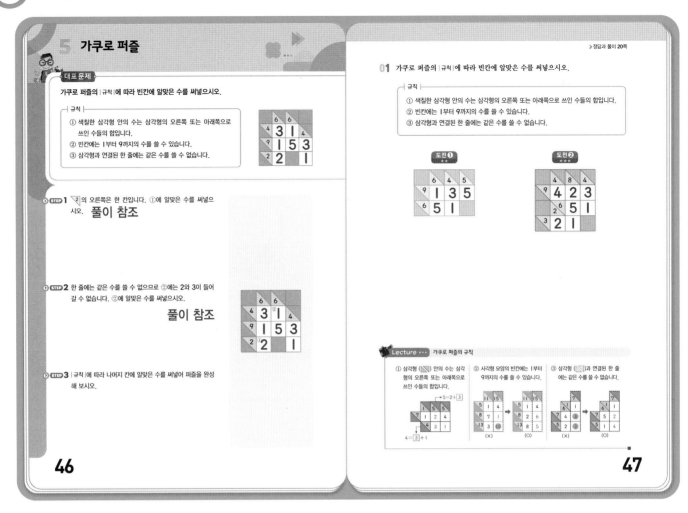

대표 문제

STEP 1

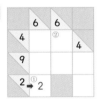

STEP 2

4는 같은 수(2와 2)로 가르는 것을 제외하고 1과 3으로 가를 수 있고, 6은 같은 수 (3과 3)로 가르는 것을 제외하고, 1과 5, 2와 4로 가를 수 있습니다. 따라서 ②에 공통으로 들어갈 수 있는 수인 1을 씁니다.

STEP 3

01 도전 ①
★★

도전 ②
★★★

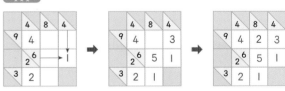

6 체인지 퍼즐

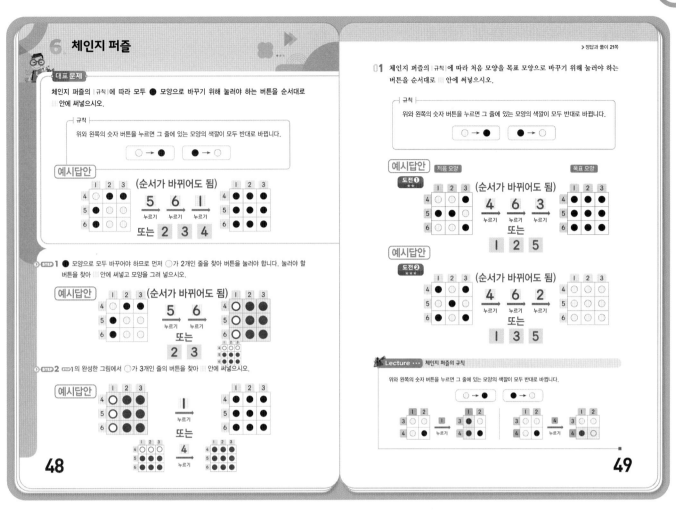

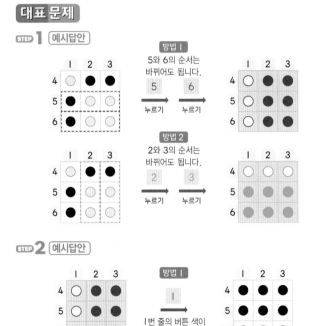

대표 문제

STEP 1 예시답안

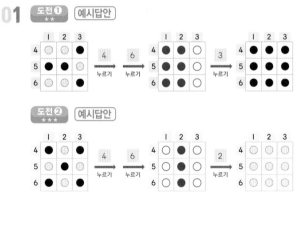

STEP 2 예시답안

01 도전❶ 예시답안

도전❷ 예시답안

Ⅱ 퍼즐

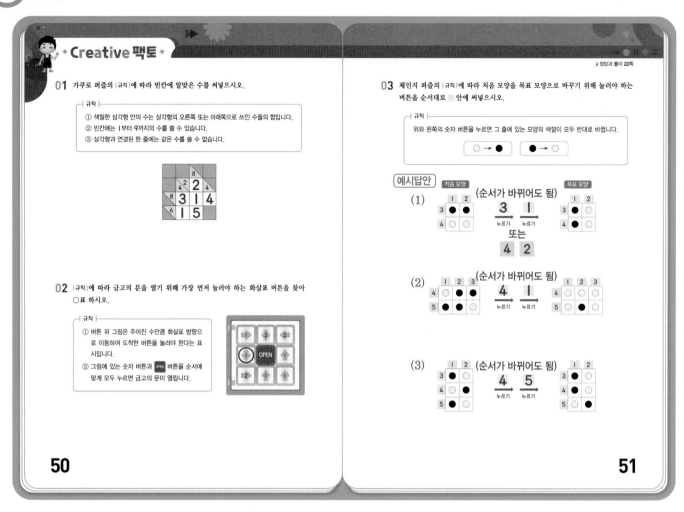

☀ Creative 팩토 ☀

01 가로로 퍼즐의 |규칙|에 따라 빈칸에 알맞은 수를 써넣으시오.

| 규칙 |
① 색칠한 삼각형 안의 수는 삼각형의 오른쪽 또는 아래쪽으로 쓰인 수들의 합입니다.
② 빈칸에는 1부터 9까지의 수를 쓸 수 있습니다.
③ 삼각형과 연결된 한 줄에는 같은 수를 쓸 수 없습니다.

02 |규칙|에 따라 금고의 문을 열기 위해 가장 먼저 눌러야 하는 화살표 버튼을 찾아 ○표 하시오.

| 규칙 |
① 버튼 위 그림은 주어진 수만큼 화살표 방향으로 이동하여 도착한 버튼을 눌러야 한다는 표시입니다.
② 그림에 있는 숫자 버튼과 OPEN 버튼을 순서에 맞게 모두 누르면 금고의 문이 열립니다.

03 체인지 퍼즐의 |규칙|에 따라 처음 모양을 목표 모양으로 바꾸기 위해 눌러야 하는 버튼을 순서대로 ■ 안에 써넣으시오.

| 규칙 |
위와 왼쪽의 숫자 버튼을 누르면 그 줄에 있는 모양의 색깔이 모두 반대로 바뀝니다.

50

51

---

01 칸에 해당하는 수를 먼저 채웁니다. 그 다음에 길이가 짧은 칸부터 채우고, 작은 수부터 가르기를 이용하여 퍼즐을 해결합니다.

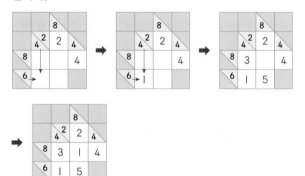

02 OPEN 버튼부터 눌러야 하는 순서를 거꾸로 하여 번호를 쓰면서 가장 먼저 눌러야 하는 버튼을 찾습니다.

03 먼저 처음 모양과 목표 모양이 어떻게 달라졌는지 알아보고, 눌러야 하는 버튼을 찾아 퍼즐을 해결합니다.

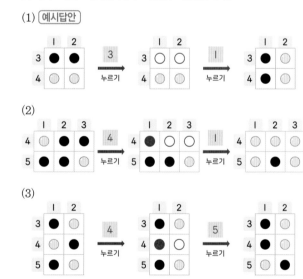

22 Lv.2 - 응용 A

· Creative 팩토 ·

＞정답과 풀이 23쪽

04 규칙 에 따라 출발 버튼부터 도착 버튼까지 이동하려고 합니다. 빈 버튼에 알맞은 화살표의 방향과 수를 그려 넣으시오.

규칙
① 버튼 위 그림은 주어진 수만큼 화살표 방향으로 이동하여 도착한 버튼을 눌러야 한다는 표시입니다.
② 그림에 있는 숫자 버튼과 도착 버튼을 순서에 맞게 모두 눌러야 합니다.

06 규칙 에 따라 마지막으로 🔑 버튼을 누르기 위해 가장 먼저 눌러야 하는 화살표 버튼을 찾아 ○표 하시오.

규칙
① 버튼 위 그림은 주어진 수만큼 화살표 방향으로 이동하여 도착한 버튼을 눌러야 한다는 표시입니다.
② 그림에 있는 숫자 버튼과 🔑 버튼을 순서에 맞게 모두 눌러야 합니다.

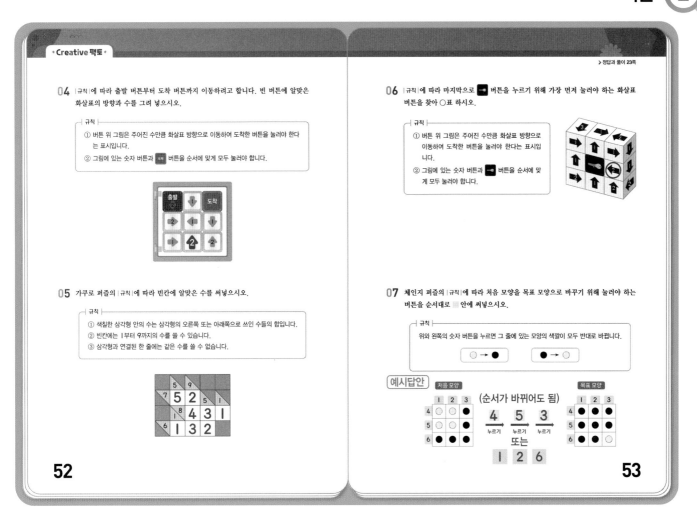

05 가쿠로 퍼즐의 규칙 에 따라 빈칸에 알맞은 수를 써넣으시오.

규칙
① 색칠한 삼각형 안의 수는 삼각형의 오른쪽 또는 아래쪽으로 쓰인 수들의 합입니다.
② 빈칸에는 1부터 9까지의 수를 쓸 수 있습니다.
③ 삼각형과 연결된 한 줄에는 같은 수를 쓸 수 없습니다.

07 체인지 퍼즐의 규칙 에 따라 처음 모양을 목표 모양으로 바꾸기 위해 눌러야 하는 버튼을 순서대로 ☐ 안에 써넣으시오.

규칙
위와 왼쪽의 숫자 버튼을 누르면 그 줄에 있는 모양의 색깔이 모두 반대로 바뀝니다.

○ → ●   ● → ○

예시답안

처음 모양   (순서가 바뀌어도 됨)   목표 모양

4 누르기   **5** 누르기   **3** 누르기
또는
1   **2**   **6**

52

53

---

04 출발 버튼부터 순서대로, 도착 버튼부터 순서를 거꾸로 하여 번호를 쓰면 빈 버튼은 셋째 번 버튼입니다. 따라서 넷째 번 버튼을 향하도록 화살표의 방향과 수를 씁니다.

05 칸에 해당하는 수를 먼저 채운 후에 길이가 짧은 칸부터 채우고, 작은 수부터 가르기를 이용하여 퍼즐을 해결합니다.

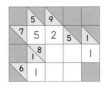 

6은 1, 2, 3으로 가를 수 있는데 같은 줄에 1과 2가 있으므로 3을 씁니다.

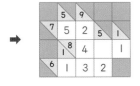 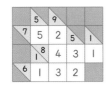

06 🔑 버튼부터 눌러야 하는 순서를 거꾸로 하여 번호를 쓰면서 가장 먼저 눌러야 하는 버튼을 찾습니다.

07 먼저 처음 모양과 목표 모양이 어떻게 달라졌는지 알아보고, 눌러야 하는 버튼을 찾아 퍼즐을 해결합니다.

예시답안

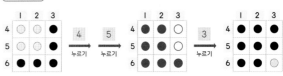

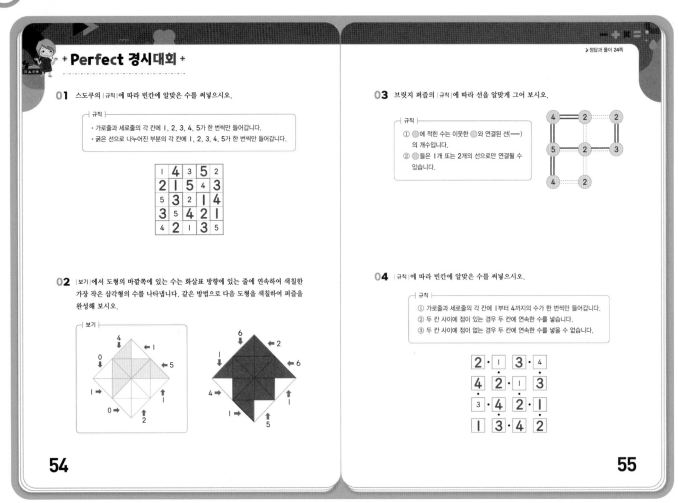

01 가로줄, 세로줄, 굵은 선으로 나누어진 부분의 빠진 수들 중 그 자리에 공통으로 빠진 수를 써넣으며 퍼즐을 해결합니다.

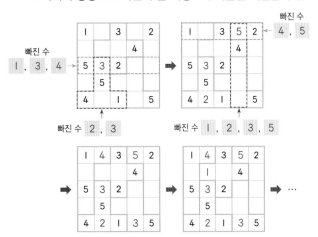

02 반드시 칠해야 하는 칸을 먼저 색칠하고, 칠하지 않아야 하는 곳은 ✕표 하며 퍼즐을 해결합니다.

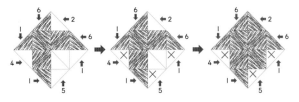

03 먼저 ⬤ 안의 수와 선의 수가 같은 곳을 찾아 연결하고, 연결하지 않아야 하는 곳은 ✕표 하면서 퍼즐을 해결합니다.

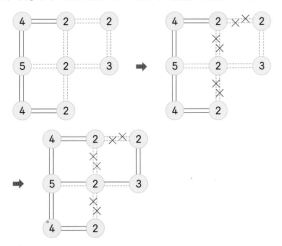

04 가로줄, 세로줄에서 빠진 수를 찾고 점 양쪽에 연속한 수를 넣어가며 퍼즐을 해결합니다.

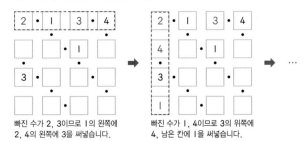

빠진 수가 2, 3이므로 1의 왼쪽에 2, 4의 왼쪽에 3을 써넣습니다.

빠진 수가 1, 4이므로 3의 위쪽에 4, 남은 칸에 1을 써넣습니다.

24 Lv.2 - 응용 A

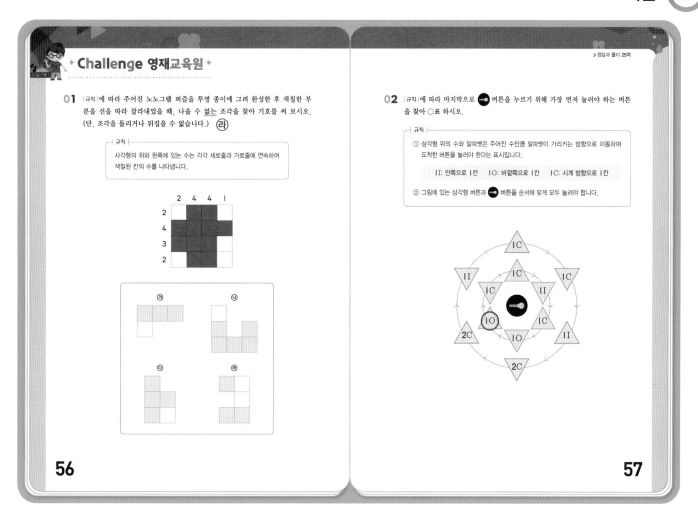

01 먼저 규칙에 따라 노노그램을 해결하면 다음과 같습니다.

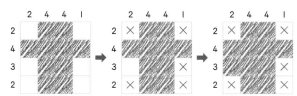

선을 따라 잘랐을 때 주어진 조각이 나올 수 있는지 그려 보면 ㉮, ㉯, ㉰는 찾을 수 있지만 ㉱는 찾을 수 없습니다.

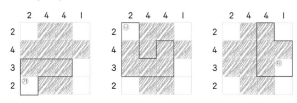

02 🔑 버튼부터 눌러야 하는 순서를 거꾸로 하여 번호를 쓰면서 가장 먼저 눌러야 하는 버튼을 찾습니다.

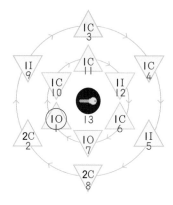

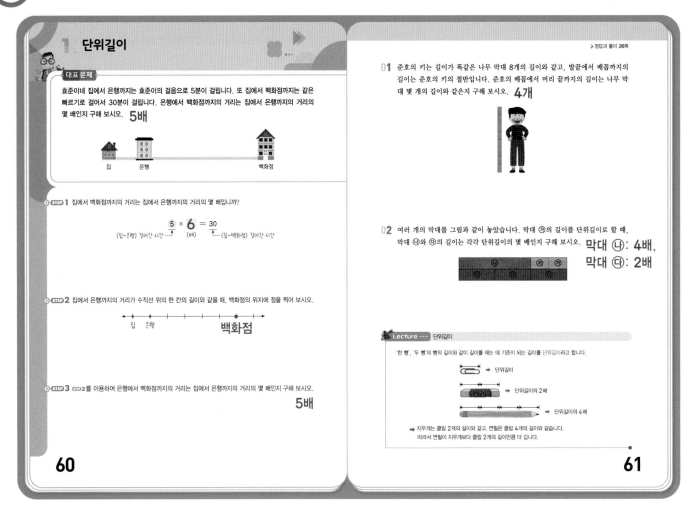

대표 문제

STEP 1 5×6=30이므로 집에서 백화점까지의 거리는 집에서 은행까지의 거리의 6배입니다.

STEP 2 집에서 백화점까지의 거리는 집에서 은행까지의 거리의 6배입니다. 집에서 은행까지의 거리가 1칸이므로, 집에서 백화점까지의 거리는 6칸입니다.

집 은행 백화점

STEP 3 은행에서 백화점까지의 거리는 5칸이므로 집에서 은행까지의 거리의 5배입니다.

01 준호의 발끝에서 배꼽까지의 길이는 준호의 키의 절반이므로 나무 막대 4개의 길이와 같습니다.
따라서 키의 나머지 부분인 배꼽에서 머리 끝까지의 길이는 나무 막대 8－4＝4(개)의 길이와 같습니다.

02 막대 ㉰의 길이는 막대 ㉮ 2개의 길이와 같으므로 단위길이의 2배입니다.
막대 ㉯의 길이는 막대 ㉰ 2개의 길이와 같으므로 막대 ㉮ 4개의 길이와 같습니다.
따라서 막대 ㉯의 길이는 단위길이의 4배입니다.

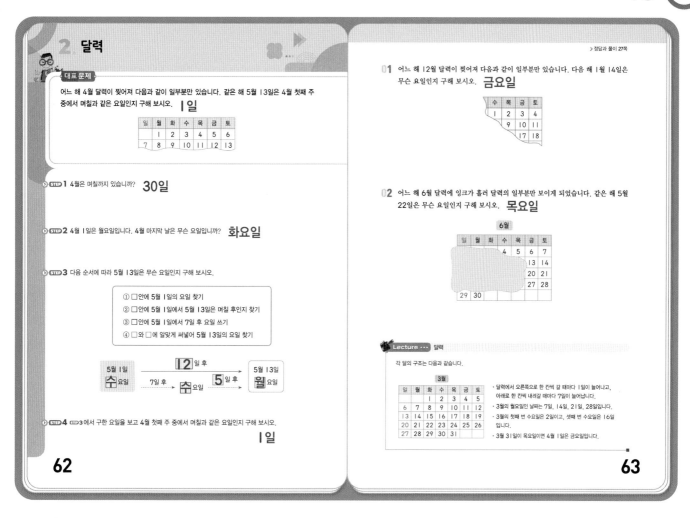

2 달력

대표문제

어느 해 4월 달력이 찢어져 다음과 같이 일부분만 있습니다. 같은 해 5월 13일은 4월 첫째 주 중에서 며칠과 같은 요일인지 구해 보시오. **1일**

일	월	화	수	목	금	토
	1	2	3	4	5	6
7	8	9	10	11	12	13

○ STEP1 4월은 며칠까지 있습니까? **30일**

○ STEP2 4월 1일은 월요일입니다. 4월 마지막 날은 무슨 요일입니까? **화요일**

○ STEP3 다음 순서에 따라 5월 13일은 무슨 요일인지 구해 보시오.

> ① □안에 5월 1일의 요일 찾기
> ② □안에 5월 1일에서 5월 13일은 며칠 후인지 찾기
> ③ □안에 5월 1일에서 7일 후 요일 쓰기
> ④ □와 에 알맞게 써넣어 5월 13일의 요일 찾기

○ STEP4 STEP3에서 구한 요일을 보고 4월 첫째 주 중에서 며칠과 같은 요일인지 구해 보시오.

1일

62

> 정답과 풀이 27쪽

01 어느 해 12월 달력이 찢어져 다음과 같이 일부분만 있습니다. 다음 해 1월 14일은 무슨 요일인지 구해 보시오. **금요일**

수	목	금	토
1	2	3	4
	9	10	11
		17	18

02 어느 해 6월 달력에 잉크가 흘러 달력의 일부분만 보이게 되었습니다. 같은 해 5월 22일은 무슨 요일인지 구해 보시오. **목요일**

6월

일	월	화	수	목	금	토
				4	5	6	7
					13	14
					20	21
					27	28
29	30					

Lecture ··· 달력

각 달의 구조는 다음과 같습니다.

3월

일	월	화	수	목	금	토
				1	2	3	4	5
6	7	8	9	10	11	12
13	14	15	16	17	18	19
20	21	22	23	24	25	26
27	28	29	30	31		

· 달력에서 오른쪽으로 한 칸씩 갈 때마다 1일이 늘어나고, 아래로 한 칸씩 내려갈 때마다 7일이 늘어납니다.
· 3월의 월요일인 날짜는 7일, 14일, 21일, 28일입니다.
· 3월의 첫째 번 수요일은 2일이고, 셋째 번 수요일은 16일 입니다.
· 3월 31일이 목요일이면 4월 1일은 금요일입니다.

63

대표문제

STEP1 4월은 30일까지 있습니다.

STEP2 4월 1일은 월요일입니다. 7일마다 같은 요일이 반복되므로 1일, 8일, 15일, 22일, 29일은 월요일입니다. 따라서 4월의 마지막 날인 30일은 화요일입니다.

4월

일	월	화	수	목	금	토
	1	2	3	4	5	6
7	8	9	10	11	12	13
14	15	16	17	18	19	20
21	22	23	24	25	26	27
28	29	30				

STEP3 주어진 순서에 따라 답을 써넣습니다.

> ① 4월 30일이 화요일이므로 5월 1일은 수요일입니다.
> ② 5월 1일에서 5월 13일은 12일 후입니다.
> ③ 5월 1일에서 7일 후는 수요일입니다.
> ④ 수요일에서 5일 후는 월요일입니다.

STEP4 5월 13일은 월요일입니다. 4월 첫째 주 중 월요일인 날짜는 1일입니다.

---

01 12월은 31일까지 있습니다. 12월 1일은 수요일이고, 7일마다 같은 요일이 반복되므로 8일, 15일, 22일, 29일은 수요일입니다. 30일은 목요일, 31일은 금요일이고, 다음 해 1월 1일은 토요일이므로 1월 14일의 요일은 다음과 같이 찾을 수 있습니다.

02 6월 4일은 수요일이므로 6월 1일은 일요일입니다. 5월은 31일까지 있으므로 5월 31일은 토요일입니다. 5월 22일은 5월 31일에서 9일 전으로 5월 22일의 요일은 다음과 같이 찾을 수 있습니다.

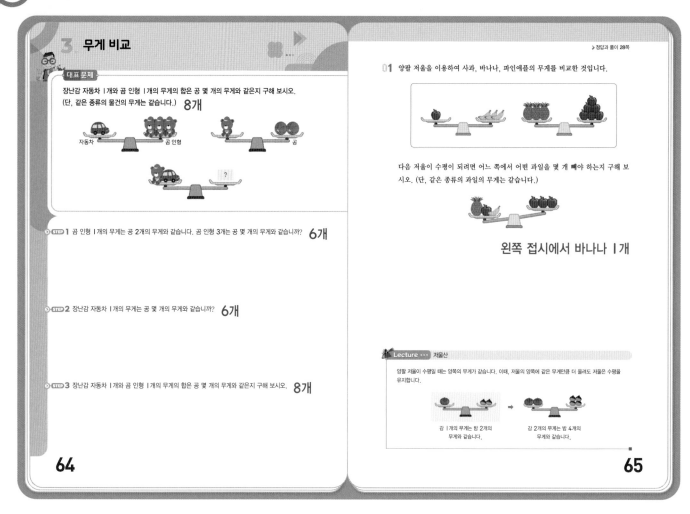

대표문제

STEP 1 곰 인형 1개의 무게는 공 2개의 무게와 같으므로 곰 인형 3개의 무게는 공 6개의 무게와 같습니다.

STEP 2 자동차 1개의 무게는 곰 인형 3개의 무게와 같으므로 자동차 1개의 무게는 공 6개의 무게와 같습니다.

STEP 3 자동차 1개와 곰 인형 1개의 무게의 합은 공 6＋2＝8(개)의 무게와 같습니다.

01 파인애플 3개의 무게는 사과 6개의 무게와 같으므로 파인애플 1개의 무게는 사과 2개의 무게와 같습니다.

파인애플 1개의 무게는 사과 2개의 무게와 같고, 사과 1개의 무게는 바나나 3개의 무게와 같으므로 저울 위의 파인애플과 사과를 바나나로 바꾸어 나타내면 다음과 같습니다.

(바나나 10개)   (바나나 9개)

따라서 저울이 수평이 되려면 왼쪽 접시에서 바나나 1개를 빼야 합니다.

01 단위막대 ㉮, ㉯로 리코더의 길이를 재려고 합니다. 리코더의 길이는 단위막대 ㉮ 2개의 길이와 같고, 단위막대 ㉯ 6개의 길이와 같습니다. 단위막대 ㉮의 길이는 단위막대 ㉯의 길이의 몇 배인지 구해 보시오. **3배**

03 다음은 희원이가 쓴 일기입니다. 희원이가 병원을 다시 가야 하는 날은 무슨 요일인지 구해 보시오. **월요일**

제목: 병원 가는 날

9월 8일 목요일 구름 조금

어제부터 코가 훌쩍거려서 엄마와 동네 병원에 다녀왔다. 사실은 병원 가는 게 무서워서 약만 먹고 싶었는데, 엄마가 나를 데리고 가셨다. 의사 선생님께서 내 증세가 생각보다 심하다고 하시면서 아주 큰 주사기로 주사를 맞아야 한다고 심술궂게 말씀하셨다. 그래서 나는 겁을 잔뜩 먹고 간호사 선생님을 따라 주사실로 들어갔다. 그런데 다행히 주사기가 생각보다 작아 잘 참으며 주사를 맞았다. 의사 선생님께서 9월 26일에 또 오라고 하셨다. 정말 큰일이다. 나는 주사 맞기 정말 싫은데.

02 막대 ㉮의 길이는 막대 ㉯의 길이보다 나사 몇 개의 길이만큼 더 긴지 구해 보시오. **3개**

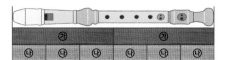

04 정수의 생일은 4월 13일입니다. 오늘이 3월 2일 일요일일 때, 올해 정수의 생일은 무슨 요일인지 구해 보시오. **일요일**

66

67

01 리코더의 길이와 단위길이 ㉮, ㉯를 다음과 같이 나타낼 수 있습니다.

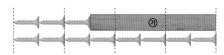

따라서 단위막대 ㉮는 단위막대 ㉯의 3배입니다.

02 막대 ㉯의 길이는 나사 2개의 길이와 같습니다. 막대 ㉯의 자리에 나사를 2개씩 그려 보면 막대 ㉮의 길이는 나사 5개의 길이와 같습니다.

따라서 막대 ㉮는 막대 ㉯보다 나사 5-2=3(개)만큼 더 깁니다.

03 9월 8일이 목요일이므로 희원이가 병원을 다시 가야 하는 9월 26일의 요일은 다음과 같이 찾을 수 있습니다.

04 3월은 31일까지 있습니다. 3월 2일은 일요일이고, 7일마다 같은 요일이 반복되므로 9일, 16일, 23일, 30일은 일요일, 3월의 마지막 날인 31일은 월요일입니다.
따라서 4월 1일은 화요일이므로 4월 13일의 요일은 다음과 같이 찾을 수 있습니다.

Creative 팩토

> 정답과 풀이 30쪽

05 다음 그림을 보고 옳은 문장에는 ○표, 틀린 문장에는 ✕표 하시오. (단, 같은 모양의 무게는 같습니다.)

(1) 🌩과 🌼은 무게가 같습니다. (○)
(2) 🌩은 🌙보다 가볍습니다. (✕)
(3) ⭐ 1개의 무게는 🌙 3개의 무게와 같습니다. (○)

06 여러 개의 막대가 다음과 같이 쌓여 있습니다. 막대 ㉮의 길이가 2cm일 때, 막대 ㉯, ㉰, ㉱의 길이는 각각 몇 cm인지 구해 보시오.

㉯: 8cm, ㉰: 4cm, ㉱: 3cm

07 다음은 양팔 저울로 인형, 신발, 주전자, 가방의 무게를 비교한 것입니다. 물음에 답해 보시오. (단, 같은 종류의 물건의 무게는 같습니다.)

(1) 둘째 번으로 무거운 물건은 무엇입니까? **신발**

(2) 저울의 왼쪽 접시에는 가방 2개, 오른쪽 접시에는 주전자 1개를 올려놓았습니다. 저울은 어느 쪽으로 기울어지겠습니까? **오른쪽**

68 · 69

---

05 (1) 저울의 양쪽에서 🌩을 하나씩 빼도 저울은 수평이 되므로 🌩과 🌼의 무게는 같습니다.

(2) 저울의 🌼을 무게가 같은 🌩으로 바꾸어도 저울은 수평이 됩니다. 🌙 2개의 무게와 🌩 1개의 무게가 같으므로 🌩은 🌙보다 무겁습니다.

(3) 저울에서 🌼을 무게가 같은 🌙 2개로 바꾸면 오른쪽 접시에는 🌙 3개가 있습니다. 그러므로 ⭐ 1개의 무게는 🌙 3개의 무게와 같습니다.

06 • 막대 ㉰의 길이는 막대 ㉮의 길이의 2배이므로 2×2=4(cm)입니다.

• 막대 ㉯의 길이는 막대 ㉰의 길이의 2배이므로 4×2=8(cm)입니다.

• 막대 ㉱ 4개의 길이는 막대 ㉰ 3개의 길이인 4×3=12(cm)와 같으므로 막대 ㉱ 1개의 길이는 3(cm)입니다.

07 (1) • 첫째 번 저울 ➡ 주전자＞인형, 주전자＞신발
• 둘째 번 저울 ➡ 신발＞가방
• 셋째 번 저울 ➡ 인형＝가방

각 물건의 무게는 주전자＞신발＞인형＝가방이므로 둘째 번으로 무거운 것은 신발입니다.

(2) ① 둘째 번 저울에서 저울의 양쪽에 가방을 1개 더 올려놓아도 저울의 기울기는 변하지 않습니다.

② ①의 저울에서 오른쪽의 가방을 무게가 같은 인형으로 바꿉니다.

③ ②의 저울에서 오른쪽의 인형과 신발을 무게가 같은 주전자로 바꿉니다.

따라서 저울의 왼쪽에 가방 2개, 오른쪽에 주전자 1개 올려놓았을 때, 저울은 오른쪽으로 기울어집니다.

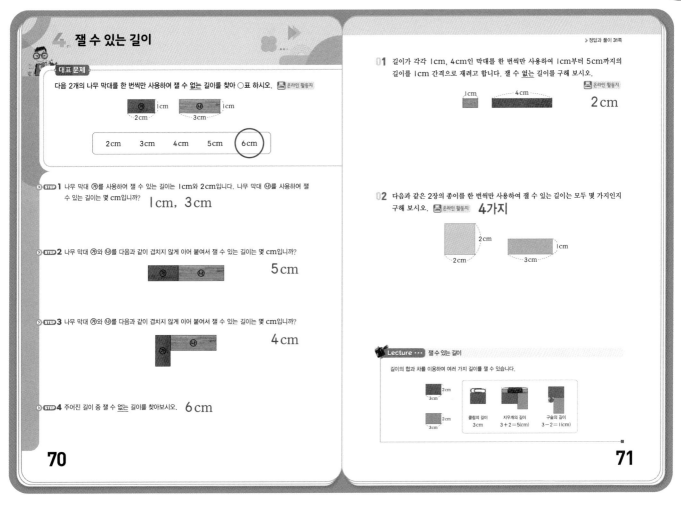

대표 문제

STEP1 막대 ㉯의 가로 부분으로 3cm를 잴 수 있고, 세로 부분으로 1cm를 잴 수 있습니다.

STEP2 막대 ㉮, ㉯를 그림과 같이 이어 붙였을 때, $2+3=5(cm)$를 잴 수 있습니다.

STEP3 막대 ㉮, ㉯를 그림과 같이 이어 붙였을 때, $1+3=4(cm)$를 잴 수 있습니다.

STEP4 막대 ㉮, ㉯로 잴 수 있는 길이는 1cm, 2cm, 3cm, 4cm, 5cm이므로 잴 수 없는 길이는 6cm입니다.

01
- 막대 1개로 잴 수 있는 길이는 1cm와 4cm입니다.
- 막대 2개를 옆으로 나란히 이어 붙여 잴 수 있는 길이는 5cm입니다.

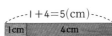

$1+4=5(cm)$

- 막대 2개를 위아래로 나란히 놓아 잴 수 있는 길이는 3cm입니다.

$4-1=3(cm)$

따라서 잴 수 있는 길이는 1cm, 3cm, 4cm, 5cm이고, 잴 수 없는 길이는 2cm입니다.

02 잴 수 있는 길이를 표로 나타내어 보면 다음과 같습니다.

잴 수 있는 길이 (cm)	방법	잴 수 있는 길이 (cm)	방법
1	1cm	3	3cm
2	2cm	5	3+2=5(cm)

따라서 잴 수 있는 길이는 모두 4가지입니다.

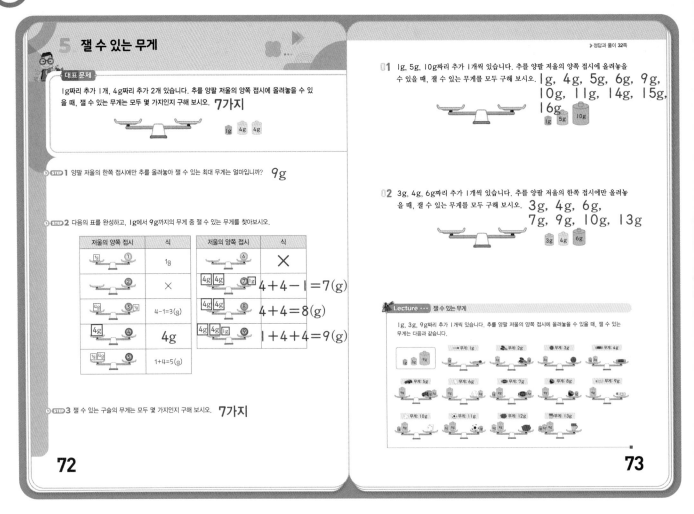

대표 문제

STEP 1 한쪽 접시에 추를 모두 올려놓을 때의 무게는
$1+4+4=9(g)$입니다.

STEP 2 각 무게별로 잴 수 있는 방법을 찾아봅니다.

STEP 3 잴 수 있는 무게는 1g, 3g, 4g, 5g, 7g, 8g, 9g이므로 모두 7가지입니다.

01 잴 수 있는 무게는 최소 1g, 최대 16g이므로 각 무게별로 잴 수 있는 방법을 찾아봅니다.

무게(g)	식	무게(g)	식
1	1	9	$10-1=9$
2	$\times$	10	10
3	$\times$	11	$1+10=11$
4	$5-1=4$	12	$\times$
5	$5, 10-5=5$	13	$\times$
6	$1+5=6, 10-5+1=6$	14	$5+10-1=14$
7	$\times$	15	$5+10=15$
8	$\times$	16	$1+5+10=16$

따라서 잴 수 있는 무게는 1g, 4g, 5g, 6g, 9g, 10g, 11g, 14g, 15g, 16g이므로 모두 10가지입니다.

02 추의 개수에 따라 잴 수 있는 무게를 모두 구합니다.

무게(g)	식	무게(g)	식
1	$\times$	8	$\times$
2	$\times$	9	$3+6=9$
3	3	10	$4+6=10$
4	4	11	$\times$
5	$\times$	12	$\times$
6	6	13	$3+4+6=13$
7	$3+4=7$		

따라서 잴 수 있는 무게는 3g, 4g, 6g, 7g, 9g, 10g, 13g입니다.

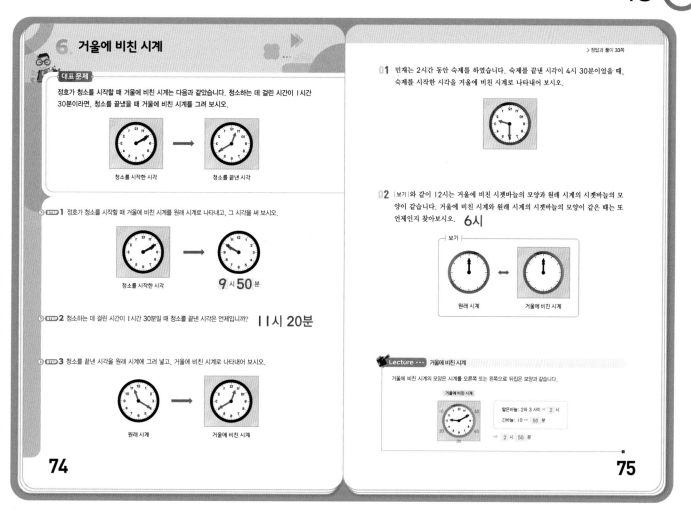

대표 문제

STEP 1 거울에 비친 시계를 왼쪽 또는 오른쪽으로 뒤집으면 원래 시계가 됩니다.

• 짧은바늘: 9와 10 사이 ➡ 9시
• 긴바늘: 10 ➡ 50분

9 시 50 분

STEP 2 9시 50분에 청소를 시작해서 1시간 30분 동안 청소를 하였으므로, 청소를 끝낸 시각은 11시 20분입니다.

STEP 3 11시 20분을 시계에 표시한 후, 왼쪽 또는 오른쪽으로 뒤집은 모양을 그려서 거울에 비친 시계를 완성합니다.

01 민재는 2시간 동안 숙제를 하였고, 숙제를 끝낸 시각이 4시 30분이므로 숙제를 시작한 시각은 2시 30분입니다. 2시 30분을 시계에 나타낸 후, 거울에 비친 시계를 완성합니다.

02 거울에 비친 시계의 짧은바늘과 긴바늘이 원래 시계의 모양과 같으려면 왼쪽과 오른쪽의 모양이 똑같은 시각이어야 합니다. 따라서 6시일 때 거울에 비친 시계와 원래 시계의 모양이 같습니다.

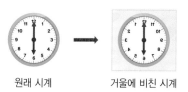

원래 시계   거울에 비친 시계

+ Creative 팩토 +

> 정답과 풀이 34쪽

01 다음과 같이 연결된 부분을 접어 돌릴 수 있는 도구로 잴 수 있는 길이는 모두 몇 가지인지 구해 보시오. **4가지**

02 1g, 5g, 25g짜리 추가 1개씩 있습니다. 추를 |보기|와 같이 저울의 양쪽 접시에 올려놓을 수 있을 때, 잴 수 있는 무게 중 셋째 번으로 무거운 무게를 구해 보시오. **29g**

03 길이가 각각 1cm, 2cm, 4cm인 막대가 하나씩 있습니다. 세 막대를 사용하여 잴 수 있는 길이를 모두 구해 보시오. 온라인 활동지

1cm, 2cm, 3cm, 4cm,
5cm, 6cm, 7cm

04 다음 거울에 비친 시계는 1시간 40분이 빠릅니다. 정확한 시각은 몇 시 몇 분인지 구해 보시오. **6시 40분**

76

77

01 먼저 도구의 막대 1개씩으로 4cm와 7cm를 잴 수 있습니다.
① 막대를 돌려 옆으로 나란하게 만들면 4+7=11(cm)를 잴 수 있습니다.
② 막대를 돌려 겹치게 만들면 7-4=3(cm)를 잴 수 있습니다.

따라서 잴 수 있는 길이는 3cm, 4cm, 7cm, 11cm이므로 모두 4가지입니다.

02 • 추 1개: 1g, 5g, 25g
• 추 2개: 6g(1+5), 4g(5-1), 26g(1+25), 24g(25-1), 30g(5+25), 20g(25-5)
• 추 3개: 31g(1+5+25), 21g(1+25-5), 29g(5+25-1), 19g(25-5-1)
잴 수 있는 무게는 무거운 순서대로 31g, 30g, 29g, 26g, 25g, 24g, 21g, 20g, 19g, 6g, 5g, 4g, 1g입니다.
따라서 셋째 번으로 무거운 무게는 29g입니다.

03 • 막대 1개로 잴 수 있는 길이: 1cm, 2cm, 4cm
• 막대를 옆으로 나란히 이어 붙여 잴 수 있는 길이: 3cm, 5cm, 6cm, 7cm

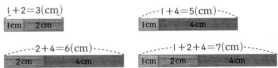

• 막대를 위아래로 이어 붙여 잴 수 있는 길이: 1cm, 2cm, 3cm, 5cm

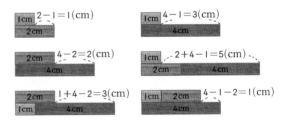

따라서 세 막대를 사용하여 잴 수 있는 길이는 1cm, 2cm, 3cm, 4cm, 5cm, 6cm, 7cm입니다.

04 거울에 비친 시계는 8시 20분입니다. 이 시계는 1시간 40분이 빠르므로 정확한 시각은 8시 20분에서 1시간 40분 전인 6시 40분입니다.

8시 20분 —1시간 전→ 7시 20분 —40분 전→ 6시 40분

▶정답과 풀이 35쪽

Creative 팩토

05 양팔 저울의 한쪽 접시에만 추를 올려놓고 1g부터 13g까지 물건의 무게를 재려고 할 때, 1g부터 6g까지의 추 중에서 반드시 필요한 4개의 추를 구해 보시오.

1g, 2g, 4g, 6g

06 시계의 긴바늘은 숫자 6을 가리키고 짧은바늘은 숫자 1과 2 사이를 가리키고 있습니다. 이 시각에서 긴바늘이 시계 방향으로 두 바퀴 돌았을 때의 시각을 거울에 비친 시계에 나타내어 보시오.

07 호연이와 정우는 일요일 낮 12시에 공원에서 만나기로 하였습니다. 호연이는 집에서 30분을 걸어 공원에 11시 50분에 도착하였고, 정우는 집에서 10분을 걸어 12시 20분에 도착하였습니다. 물음에 답해 보시오.

(1) 호연이가 집에서 출발한 시각을 시계에 나타내어 보시오.

(11시 20분)

(2) 정우가 집에서 출발한 시각을 시계에 나타내어 보시오.

(12시 10분)

(3) 정우는 공원에 12시에 도착하려고 했는데 거울에 비친 시계를 원래 시계로 잘못 보아서 20분 늦고 말았습니다. 정우가 원래 출발하려고 한 시각을 구해 보시오. 11시 50분

78

79

05 저울의 한쪽에 추를 올려놓아 1g을 재려면 1g짜리 추가 필요하고, 2g을 재려면 2g짜리 추가 필요합니다.
3g짜리 추는 1g과 2g짜리 추의 합으로 잴 수 있습니다.
4g을 재려면 4g짜리 추가 필요하고, 1g, 2g, 4g짜리 추 무게의 합을 이용하여 잴 수 있는 무게는 5g(1+4), 6g(2+4), 7g(1+2+4)입니다.
8g을 재기 위해서는 2g과 6g짜리 추가 필요합니다.
1g, 2g, 4g, 6g짜리 추 무게의 합을 이용하여 잴 수 있는 무게는 8g(2+6), 9g(1+2+6), 10g(4+6), 11g(1+4+6), 12g(2+4+6), 13g(1+2+4+6)입니다.
따라서 1g부터 13g까지 무게를 재려고 할 때 필요한 4개의 추는 1g, 2g, 4g, 6g입니다.

06 긴바늘은 숫자 6을 가리키고, 짧은바늘은 숫자 1과 2 사이를 가리키는 시각은 1시 30분입니다.
1시 30분에서 긴바늘이 시계 방향으로 두 바퀴를 돌면 3시 30분이 되므로 3시 30분을 거울에 비친 시계에 나타내어 봅니다.

07 (1) 호연이는 30분을 걸어 공원에 11시 50분에 도착하였으므로 11시 20분에 집에서 출발하였습니다.

(2) 정우는 10분을 걸어서 12시 20분에 도착하였으므로 12시 10분에 집에서 출발하였습니다.

(3) 정우가 출발한 시각인 12시 10분이 거울에 비친 모습입니다. 따라서 정우가 출발하려고 한 시각은 11시 50분입니다.

 → →

원래 시계　　　거울에 비친 시계　　　정우가 잘못 본 시계

✦ **Perfect 경시대회** ✦

01 나무 막대 1개의 길이는 클립 1개의 길이의 몇 배인지 구해 보시오. **12배**

02 어느 해 2월의 셋째 번과 넷째 번 금요일의 날짜를 더하면 49입니다. 같은 해의 3월 1일은 무슨 요일인지 구해 보시오. (단, 같은 해의 2월은 28일까지 있습니다.) **토요일**

▶정답과 풀이 36쪽

03 다음과 같이 2cm, 3cm, 7cm 길이의 막대가 이어져 있습니다. 연결된 부분은 접어 돌릴 수 있을 때, 잴 수 있는 길이를 모두 구해 보시오.

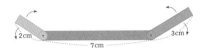

2cm, 3cm, 4cm, 5cm, 6cm,
7cm, 8cm, 9cm, 10cm, 12cm

04 9시 50분에 수학 체험을 시작하였습니다. 수학 체험을 끝내고 거울에 비친 시계를 보니 9시 50분이었습니다. 수학 체험을 한 시간은 몇 시간 몇 분인지 구해 보시오. (단, 시계에는 눈금을 가리키는 숫자가 없습니다.) **4시간 20분**

80

81

---

01 그림의 ▨에서 나무 막대 1개의 길이는 크레파스 3개의 길이와 같고, 그림의 ▨에서 크레파스 1개의 길이는 클립 4개의 길이와 같습니다.

크레파스 3개의 길이는 클립 $3 \times 4 = 12$(개)입니다.
따라서 나무 막대의 길이는 클립 길이의 12배입니다.

02 2월의 셋째 번 금요일의 날짜를 $\square$라 하면, 넷째 번 금요일의 날짜는 $\square + 7$입니다.
$\square + \square + 7 = 49$이므로 $\square + \square = 42$에서 $\square = 21$입니다.
따라서 넷째 번 금요일이 $21 + 7 = 28$(일)이므로 3월 1일은 토요일입니다.

03
• 막대 1개만 사용하여 잴 수 있는 길이: 2cm, 3cm, 7cm
• 막대 2개를 나란히 펼칠 때: 9cm($2+7$), 10cm($7+3$)
• 막대 3개를 나란히 펼칠 때: 12cm($2+7+3$)
• 막대를 여러 가지 방법으로 겹칠 때

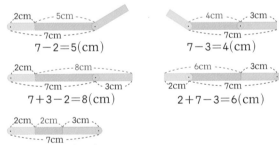

$7-2=5$(cm) $7-3=4$(cm)

$7+3-2=8$(cm) $2+7-3=6$(cm)

$7-2-3=2$(cm)

따라서 잴 수 있는 길이는 2cm, 3cm, 4cm, 5cm, 6cm, 7cm, 8cm, 9cm, 10cm, 12cm입니다.

04 거울에 비친 시계가 9시 50분이므로 정확한 시각은 2시 10분입니다.
9시 50분부터 2시 10분(14시 10분)까지 수학 체험을 했으므로 수학 체험 시간은 4시간 20분입니다.

거울에 비친 시계   →   원래 시계

▶정답과 풀이 37쪽

Challenge 영재교육원

01 다음 글을 읽고 물음에 답해 보시오.

1주일이 7일이 된 이유

1주일이 7일이 된 여러 가지 이야기 중 하나는 달의 모양이 약 7일마다 변하기 때문이라는 것입니다.

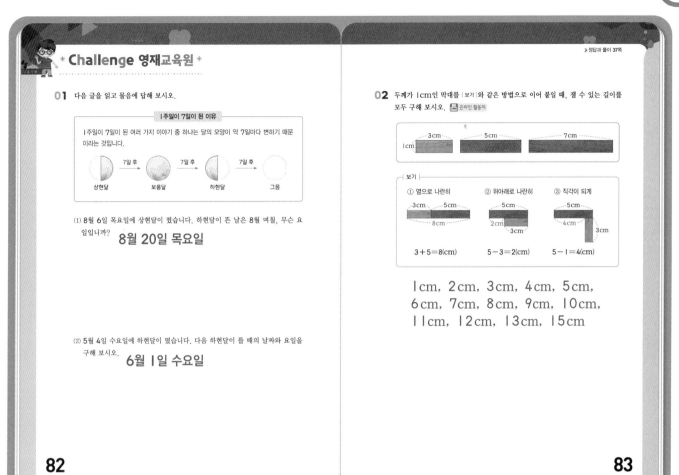

상현달 — 7일 후 → 보름달 — 7일 후 → 하현달 — 7일 후 → 그믐

(1) 8월 6일 목요일에 상현달이 떴습니다. 하현달이 뜬 날은 8월 며칠, 무슨 요일입니까?

8월 20일 목요일

(2) 5월 4일 수요일에 하현달이 떴습니다. 다음 하현달이 뜰 때의 날짜와 요일을 구해 보시오.

6월 1일 수요일

02 두께가 1cm인 막대를 |보기|와 같은 방법으로 이어 붙일 때, 잴 수 있는 길이를 모두 구해 보시오. 🖥 온라인 활동지

3cm / 5cm / 7cm / 1cm

|보기|

① 옆으로 나란히
3cm + 5cm
8cm
$3+5=8(cm)$

② 위아래로 나란히
5cm
2cm 3cm
$5-3=2(cm)$

③ 직각이 되게
5cm
4cm 3cm
$5-1=4(cm)$

1cm, 2cm, 3cm, 4cm, 5cm,
6cm, 7cm, 8cm, 9cm, 10cm,
11cm, 12cm, 13cm, 15cm

82

83

---

01 (1) 달의 모양은 약 7일마다 변합니다. 8월 6일 목요일에 상현달이 뜨고, 7일 이후 보름달, 7일 이후 하현달이 뜹니다. 따라서 8월 6일에서 14일 이후의 날짜는 8월 20일입니다. 또 7일마다 같은 요일이 반복되므로 8월 20일은 목요일입니다.

(2) 5월 4일 수요일에 하현달이 떴고, 약 7일 후마다 그믐, 상현달, 보름달, 하현달 순서로 뜨게 됩니다.
5월은 31일까지 있습니다. 5월 4일 수요일에서 7일마다 같은 요일이 반복되므로 11일, 18일, 25일은 수요일이고, 5월의 마지막 날인 31일은 화요일입니다.
따라서 다음 하현달이 뜰 때에는 6월 1일 수요일입니다.

5월 4일 수요일	
5월 11일 수요일	7일 후 그믐
5월 18일 수요일	7일 후 상현달
5월 25일 수요일	7일 후 보름달
6월 1일 수요일	7일 후 하현달

02 • 막대 1개로 잴 수 있는 길이: 1cm, 3cm, 5cm, 7cm

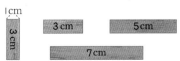

1cm / 3cm / 3cm / 5cm / 7cm

• 막대 2개로 잴 수 있는 길이: 2cm, 4cm, 6cm, 8cm, 10cm, 12cm

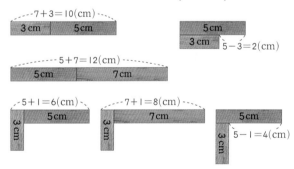

$7+3=10(cm)$
3cm 5cm

5cm
3cm $5-3=2(cm)$

$5+7=12(cm)$
5cm 7cm

$5+1=6(cm)$
3cm 5cm

$7+1=8(cm)$
3cm 7cm

5cm
3cm $5-1=4(cm)$

• 막대 3개로 잴 수 있는 길이: 9cm, 11cm, 13cm, 15cm

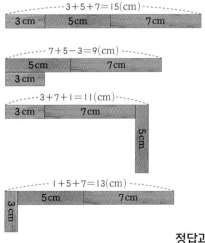

$3+5+7=15(cm)$
3cm 5cm 7cm

$7+5-3=9(cm)$
5cm 7cm
3cm

$3+7+1=11(cm)$
3cm 7cm
5cm

$1+5+7=13(cm)$
5cm 7cm
3cm

평가

01 춤 경연 대회에 참가한 49명의 학생은 1번부터 49번까지 번호를 가슴에 붙였습니다. 숫자 4가 적힌 번호를 붙인 학생은 몇 명인지 구해 보시오. **14명**

02 ● 안에 공통으로 들어갈 수 있는 두 자리 수를 모두 찾아 써 보시오. **13, 14, 15**

- ● − 11 < 5
- 28 − ● < 16

03 주어진 4장의 숫자 카드 중 2장을 사용하여 만들 수 있는 두 자리 수 중에서 홀수를 모두 구해 보시오. **45, 49, 59, 95**

| 4 | 0 | 5 | 9 |

04 다음 질문과 답을 보고 알맞은 두 자리 수를 구해 보시오. **16**

질문	답
20보다 큰 수입니까?	아니오
십의 자리 수와 일의 자리 수의 곱은 얼마입니까?	6
십의 자리 수와 일의 자리 수 중 어느 것이 더 큽니까?	일의 자리 수

2

3

01 숫자 4가 일의 자리에 적힌 경우와 십의 자리에 적힌 경우로 구분하여 개수를 세어 봅니다.
- 일의 자리에 숫자 4가 적힌 경우:
  4, 14, 24, 34, 44 → 5개
- 십의 자리에 숫자 4가 적힌 경우:
  40, 41, 42, 43, 44, 45, 46, 47, 48, 49 → 10개
- 일의 자리와 십의 자리에 숫자 4가 적힌 경우:
  44 → 1개
따라서 숫자 4가 적힌 번호를 붙인 학생은
5 + 10 − 1 = 14(명)입니다.

02 · ● − 11 < 5에서 ● 안에는 11, 12, 13, 14, 15가 들어갈 수 있습니다.
· 28 − ● < 16에서 ● 안에는 13, 14, 15…, 27, 28이 들어갈 수 있습니다.
따라서 ● 안에 공통으로 들어갈 수 있는 두 자리 수는 13, 14, 15입니다.

03 홀수가 되려면 일의 자리 숫자가 5 또는 9여야 합니다.
일의 자리 숫자가 5인 홀수는 45, 95이고, 일의 자리 숫자가 9인 홀수는 49, 59입니다.

04 일의 자리 수가 십의 자리 수보다 크고, 십의 자리 수와 일의 자리 수의 곱이 6이 되려면 두 수는 1, 6 또는 2, 3이어야 합니다.
따라서 16 또는 23인데, 이 중 20이거나 20보다 작은 수는 16입니다.

형성평가 수 영역

05 주어진 숫자 카드를 모두 사용하여 수의 크기 비교에 맞게 식을 완성해 보시오.

9 4   2 7 4   5 4

4 5 9 < 4 7 2 < 5 0 4

06 주어진 4장의 숫자 카드 중 2장을 사용하여 만들 수 있는 두 자리 수 중에서 둘째 번으로 큰 수와 둘째 번으로 작은 수의 차를 구해 보시오. **68**

3   1   5   8

07 ★ 안에 들어갈 수 있는 숫자를 모두 구해 보시오. **6, 7, 8**

23 < 42 − 1 ★ < 27

08 주어진 4장의 숫자 카드 중 2장을 사용하여 만들 수 있는 두 자리 수 중에서 30보다 크고 45보다 작은 수는 모두 몇 개인지 구해 보시오. **4개**

0   3   4   6

4

5

05
- 가장 왼쪽의 수와 가운데 수를 비교하여 모두 백의 자리에 4를 넣으면 459 < 4□□이고 이 식을 만족하는 가운데 수는 472입니다.
- 가운데 수와 가장 오른쪽의 수를 비교하면 472 < □0□에서 가장 오른쪽 수의 백의 자리에 4를 넣을 수 없으므로 가장 오른쪽 수는 504입니다.

06
- 4장의 숫자 카드 중 2장을 사용하여 만들 수 있는 두 자리 수를 가장 큰 순서대로 쓰면 85, 83…입니다.
  따라서 둘째 번으로 큰 수는 83입니다.
- 4장의 숫자 카드 중 2장을 사용하여 만들 수 있는 두 자리 수를 가장 작은 순서대로 쓰면 13, 15…입니다.
  따라서 둘째 번으로 작은 수는 15입니다.

둘째 번으로 큰 수에서 둘째 번으로 작은 수를 뺀 값은 83 − 15 = 68입니다.

07
- 23 < 42 − 1 ★ → ★ 안에 들어갈 수 있는 숫자는 8, 7…, 0입니다.
- 42 − 1 ★ < 27 → ★ 안에 들어갈 수 있는 숫자는 6, 7, 8, 9입니다.

따라서 ★ 안에 들어갈 수 있는 숫자는 6, 7, 8입니다.

08 4장의 숫자 카드 중 2장을 사용하여 만들 수 있는 두 자리 수 중 십의 자리 숫자가 3인 수는 30, 34, 36이고, 십의 자리 숫자가 4인 수는 40, 43, 46입니다.

따라서 30보다 크고 45보다 작은 수는 34, 36, 40, 43이므로 모두 4개입니다.

09 다음 |조건|에 맞는 세 자리 수를 모두 구해 보시오.   **125, 158**

조건
- 100보다 크고 200보다 작은 수입니다.
- 숫자 5가 들어갑니다.
- 일의 자리 수가 십의 자리 수보다 3만큼 큽니다.

10 주어진 4장의 숫자 카드 중 2장을 사용하여 두 자리 수를 만들었습니다. 만든 수 중에서 셋째 번으로 큰 수가 97일 때, 뒤집힌 숫자 카드에 적힌 숫자를 구해 보시오.   **9**

| 8 | 9 | 7 | ▨ |

수고하셨습니다!

6

정답과 풀이 38쪽

---

09 100보다 크고 200보다 작은 수이므로 백의 자리 수는 1입니다.
따라서 숫자 5는 일의 자리 수 또는 십의 자리 수입니다.
숫자 5가 일의 자리 수인 경우 십의 자리 수는 2입니다.
→ 125
숫자 5가 십의 자리 수인 경우 일의 자리 수는 8입니다.
→ 158

10 셋째 번으로 큰 수가 97이려면, 둘째 번으로 큰 수는 98, 가장 큰 수는 99여야 합니다.
따라서 9가 2장 있어야 하므로, 뒤집힌 숫자 카드에 적힌 숫자는 9입니다.

형성평가 퍼즐 영역

01 스도쿠의 |규칙|에 따라 빈칸에 알맞은 수를 써넣으시오.

| 규칙 |
① 가로줄의 각 칸에 주어진 수가 한 번씩만 들어갑니다.
② 세로줄의 각 칸에 주어진 수가 한 번씩만 들어갑니다.
③ 굵은 선으로 나누어진 부분의 각 칸에 주어진 수가 한 번씩만 들어갑니다.

1, 2, 3, 4

02 브릿지 퍼즐의 |규칙|에 따라 선을 알맞게 그어 보시오.

| 규칙 |
●에 적힌 수는 이웃한 ●와 연결된 선(──)의 개수입니다.

03 노노그램의 |규칙|에 따라 빈칸을 알맞게 색칠해 보시오.

| 규칙 |
① 위에 있는 수는 세로줄에 연속하여 색칠된 칸의 수를 나타냅니다.
② 왼쪽에 있는 수는 가로줄에 연속하여 색칠된 칸의 수를 나타냅니다.

04 가쿠로 퍼즐의 |규칙|에 따라 빈칸에 알맞은 수를 써넣으시오.

| 규칙 |
① 색칠한 삼각형 안의 수는 삼각형의 오른쪽 또는 아래쪽으로 쓰인 수들의 합입니다.
② 빈칸에는 1에서 9까지의 수를 쓸 수 있습니다.
③ 삼각형과 연결된 한 줄에는 같은 수를 쓸 수 없습니다.

8

9

01

02 긋지 않아야 하는 선에는 ✕표 하고, 큰 수부터 선의 개수를 만족하도록 선을 그어 퍼즐을 해결합니다.

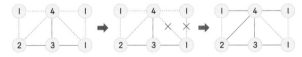

03

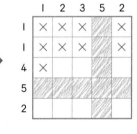

04

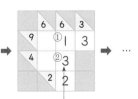

4를 1과 3으로 가를 수 있고,
②에 1을 쓰면 같은 줄에 중복되므로
①에 1을 씁니다.

05 규칙에 따라 금고의 문을 열기 위해 가장 먼저 눌러야 하는 화살표 버튼을 찾아 ○표 하시오.

규칙
① 버튼 위 그림은 주어진 수만큼 화살표 방향으로 이동하여 도착한 버튼을 눌러야 한다는 표시입니다.
② 그림에 있는 숫자 버튼과 OPEN 버튼을 순서에 맞게 모두 누르면 금고의 문이 열립니다.

06 규칙에 따라 선을 알맞게 그어 보시오.

규칙
① ○에 적힌 수는 이웃한 ○와 연결된 선(──)의 개수입니다.
② ○들은 1개의 선 또는 2개의 선으로 연결될 수 있습니다.

10

07 체인지 퍼즐의 규칙에 따라 처음 모양을 목표 모양으로 바꾸기 위해 눌러야 하는 버튼을 순서대로 ☐ 안에 써넣으시오.

규칙
위와 왼쪽의 숫자 버튼을 누르면 그 줄에 있는 모양의 색깔이 모두 반대로 바뀝니다.
○ → ●   ● → ○

08 규칙에 따라 빈칸에 알맞은 수를 써넣으시오.

규칙
① 가로줄의 각 칸에 주어진 수가 한 번씩만 들어갑니다.
② 세로줄의 각 칸에 주어진 수가 한 번씩만 들어갑니다.
③ 같은 색으로 나누어진 부분의 각 칸에 주어진 수가 한 번씩만 들어갑니다.

11

05 OPEN 버튼부터 눌러야 하는 순서를 거꾸로 하여 번호를 쓰면서 가장 먼저 눌러야 하는 버튼을 찾습니다.

06 먼저 ○ 안의 수와 선의 수가 같은 곳을 찾아 연결하고, 연결하지 않아야 하는 곳은 ✕표 하면서 퍼즐을 해결합니다.

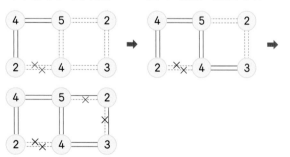

07 예시답안

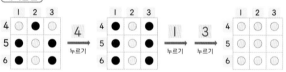

08 가로줄과 세로줄, 같은 색으로 나누어진 부분에서 1, 2, 3, 4 중 빠진 수를 찾습니다.

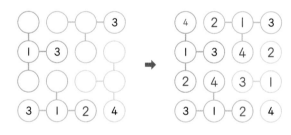

형성평가 퍼즐 영역

09 가로로 퍼즐의 규칙에 따라 빈칸에 알맞은 수를 써넣으시오.

규칙
① 색칠한 삼각형 안의 수는 삼각형의 오른쪽 또는 아래 쪽으로 쓰인 수들의 합입니다.
② 빈칸에는 1에서 9까지의 수를 쓸 수 있습니다.
③ 삼각형과 연결된 한 줄에는 같은 수를 쓸 수 없습니다.

10 규칙에 따라 출발 버튼부터 도착 버튼까지 이동하려고 합니다. 빈 버튼에 알맞은 화살표의 방향과 수를 그려 넣으시오.

규칙
① 버튼 위 그림은 주어진 수만큼 화살표 방향으로 이동하여 도착한 버튼을 눌러야 한다는 표시입니다.
② 그림에 있는 숫자 버튼과 1-9 버튼을 순서에 맞게 모두 눌러야 합니다.

수고하셨습니다!

12

정답과 풀이 41쪽 ▶

09

4를 1과 3으로 가를 수 있고, ②에 3을 쓰면 같은 줄에 중복되므로 ①에 3을 씁니다.

10 출발 버튼부터 순서대로, 도착 버튼부터 순서를 거꾸로 하여 번호를 쓰면 빈 버튼은 6째 번 버튼입니다. 따라서 7째 번 버튼을 향하도록 화살표의 방향과 수를 씁니다.

평가

01 노아가 앉아 있는 의자에서 나무까지는 노아의 걸음으로 8분이 걸립니다. 또 의자에서 분수대까지는 같은 빠르기로 걸어서 32분이 걸립니다. 나무에서 분수대까지의 거리는 의자에서 나무까지의 거리의 몇 배인지 구해 보시오. **3배**

의자   나무   분수대

02 어느 해 7월 달력이 찢어져 다음과 같이 일부분만 있습니다. 같은 해 8월 15일은 무슨 요일인지 구해 보시오. **수요일**

일	월	화	수
	1	2	3	4
8	9		

7월

03 빈 곳에 말 인형 몇 개를 올려놓아야 수평이 되는지 구해 보시오. (단, 같은 종류의 인형의 무게는 같습니다.) **1개**

04 길이가 각각 3cm, 4cm인 막대를 한 번씩만 사용하여 1cm에서 7cm까지 길이를 재려고 합니다. 잴 수 없는 길이를 모두 구해 보시오.

3cm   4cm

2cm, 5cm, 6cm

14

15

01

같은 빠르기로 걸을 때, 24분 걸리는 거리는 8분 걸리는 거리를 세 번 가는 것이므로 나무에서 분수대까지의 거리는 의자에서 나무까지의 거리의 3배입니다.

02 7월 9일은 월요일입니다.
7일마다 같은 요일이 반복되므로
16일, 23일, 30일은
월요일입니다.
7월의 마지막 날인 31일은
화요일이므로 8월 1일은
수요일입니다.
따라서 8월 15일은
수요일입니다.

7월

일	월	화	수	목	금	토
	9					
	16					
	23					
	30	31				

8월

일	월	화	수	목	금	토
			1			
			8			
			15			

03 말 인형 2개의 무게는 코끼리 인형 3개의 무게와 같습니다. 코끼리 인형 1개의 무게는 토끼 인형 2개의 무게와 같으므로 말 인형 2개의 무게는 코끼리 인형 2개와 토끼 인형 2개의 무게와 같습니다. 따라서 말 인형 1개의 무게는 코끼리 인형 1개와 토끼 인형 1개의 무게와 같습니다.

04

4cm

3cm   4cm   3cm

3cm   4−3=1(cm)   4+3=7(cm)

3cm와 4cm는 막대의 길이이므로 잴 수 있습니다.
따라서 잴 수 없는 길이는 2cm, 5cm, 6cm입니다.

05 3g, 3g, 7g짜리 추가 1개씩 있습니다. 추를 양팔 저울의 양쪽 접시에 올려놓을 수 있을 때, 잴 수 없는 무게를 찾아 번호를 써 보시오. ③

① 3g   ② 4g   ③ 5g   ④ 6g   ⑤ 7g

06 여러 장의 타일을 그림과 같이 붙였습니다. 타일 ㉮의 길이를 단위길이로 할 때, 타일 ㉯와 ㉰의 길이는 각각 단위길이의 몇 배인지 구해 보시오. **2배, 3배**

07 연수의 생일은 3월 8일입니다. 오늘이 4월 20일 목요일이면 올해 연수의 생일은 무슨 요일이었는지 구해 보시오. **수요일**

08 주어진 종이를 한 번씩만 사용하여 잴 수 있는 길이는 모두 몇 가지인지 구해 보시오. **4가지**

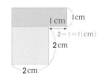

16   17

---

05 ① 3g   ② 4g: $7-3=4$ (g)
④ 6g: $3+3=6$ (g)   ⑤ 7g
따라서 잴 수 없는 무게는 ③ 5g입니다.

06 ·(㉮ 3개의 길이)+(㉯ 1개의 길이)
=(㉰ 1개의 길이)+(㉯ 1개의 길이)
→ (㉰ 1개의 길이)=(㉮ 3개의 길이)
·(㉮ 2개의 길이)+(㉯ 1개의 길이)
=(㉰ 1개의 길이)+(㉮ 1개의 길이)
=(㉮ 4개의 길이)
→ (㉯ 1개의 길이)=(㉮ 2개의 길이)
따라서 타일 ㉮의 길이를 단위길이로 할 때, 타일 ㉯의 길이는 단위길이의 2배, 타일 ㉰의 길이는 단위길이의 3배입니다.

07 4월 20일은 목요일입니다.
7일마다 같은 요일이 반복되므로 13일, 6일은 목요일이고,
4월 1일은 토요일,
3월 31일은 금요일입니다.
다시 7일마다 같은 요일이 반복되므로 24일, 17일, 10일은 금요일입니다.
따라서 3월 8일은 수요일입니다.

			3월			
일	월	화	수	목	금	토
				8	9	10
						17
						24
						31

			4월			
일	월	화	수	목	금	토
						1
2	3	4	5	6		
					13	
					20	

08

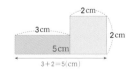

잴 수 있는 길이는 1cm, 2cm, 3cm, 5cm로 모두 4 가지입니다.

평가

09 루나는 8시간 동안 잠을 잤습니다. 일어난 시각이 7시 30분이었을 때, 잠을 자기 시작한 시각을 거울에 비친 시계로 나타내어 보시오.

10 다음은 양팔 저울로 멜론, 참외, 수박, 토마토의 무게를 비교한 것입니다. 저울의 왼쪽 접시에는 수박 1개, 저울의 오른쪽 접시에는 멜론 2개를 올려놓으면, 저울은 어느 쪽으로 기울어지는지 구해 보시오. (단, 같은 종류는 무게가 같습니다.)

오른쪽

수고하셨습니다!

18

정답과 풀이 44쪽

09 잠을 자기 시작한 시각은 7시 30분에서 8시간 전인 11시 30분입니다. 따라서 짧은바늘은 11과 12 사이를 가리키고, 긴바늘은 6을 가리켜야 합니다.

10 참외와 멜론의 무게는 같고, 참외는 토마토보다 무겁습니다. 또 수박 1개는 참외 1개와 토마토 1개의 무게와 같습니다. 따라서 왼쪽 접시의 수박 1개는 참외 1개와 토마토 1개, 오른쪽 접시의 멜론 2개는 참외 2개를 올려놓은 것과 같습니다. 토마토 1개와 참외 1개의 무게를 비교해 보면 참외 1개가 더 무거우므로 저울은 오른쪽으로 기울어집니다.

총괄평가

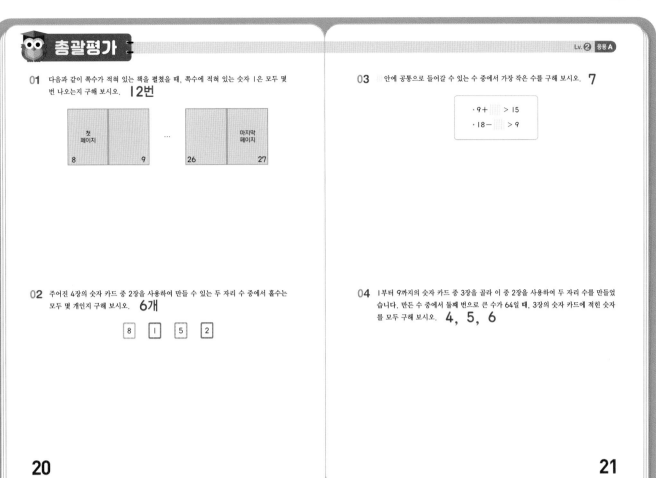

01 다음과 같이 쪽수가 적혀 있는 책을 펼쳤을 때, 쪽수에 적혀 있는 숫자 1은 모두 몇 번 나오는지 구해 보시오. **12번**

02 주어진 4장의 숫자 카드 중 2장을 사용하여 만들 수 있는 두 자리 수 중에서 홀수는 모두 몇 개인지 구해 보시오. **6개**

8 1 5 2

03 ▨ 안에 공통으로 들어갈 수 있는 수 중에서 가장 작은 수를 구해 보시오. **7**

- 9 + ▨ > 15
- 18 − ▨ > 9

04 1부터 9까지의 숫자 카드 중 3장을 골라 이 중 2장을 사용하여 두 자리 수를 만들었습니다. 만든 수에서 둘째 번으로 큰 수가 64일 때, 3장의 숫자 카드에 적힌 숫자를 모두 구해 보시오. **4, 5, 6**

20

21

01
- 일의 자리에 숫자 1이 적혀 있는 수: 11, 21 → 2개
- 십의 자리에 숫자 1이 적혀 있는 수:
  10, 11, 12⋯, 18, 19 → 10개
  따라서 쪽수에 적혀 있는 숫자 1은 모두 2 + 10 = 12(번) 나옵니다.

02 홀수를 만들려면 일의 자리에 1 또는 5를 놓아야 합니다.
일의 자리에 1 또는 5를 놓아 만들 수 있는 두 자리 수는 21, 51, 81, 15, 25, 85이므로 모두 6개입니다.

03
- 9 + 6 = 15이므로 ▨ 안에 들어갈 수 있는 수는 7, 8, 9⋯입니다.
- 18 − 9 = 9이므로 ▨ 안에 들어갈 수 있는 수는 0, 1, 2⋯, 8입니다.
따라서 ▨ 안에 공통으로 들어갈 수 있는 수는 7, 8이고, 이 중 가장 작은 수는 7입니다.

04
- 6과 4를 제외한 나머지 카드 □가 6보다 작은 수인 5일 경우: 4, 5, 6 → 가장 큰 수는 65, 둘째 번으로 큰 수는 64입니다. (O)
  □가 3인 경우: 3, 4, 6 → 가장 큰 수가 64가 되어 버리므로 맞지 않습니다.
- 6과 4를 제외한 나머지 카드 □가 6보다 큰 수인 7일 경우: 4, 6, 7 → 가장 큰 수는 76, 둘째 번으로 큰 수는 74가 되어 버리므로 맞지 않습니다.
따라서 3장의 숫자 카드에 적힌 숫자는 4, 5, 6입니다.

Lv.❷ 응용 A

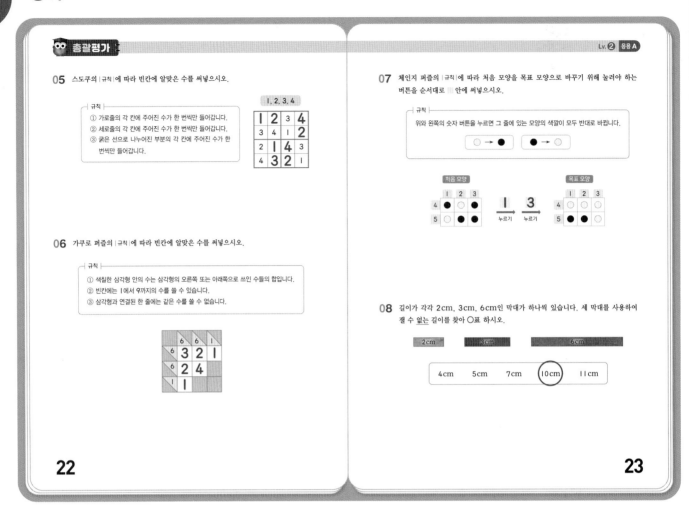

05 스도쿠의 |규칙|에 따라 빈칸에 알맞은 수를 써넣으시오.

|규칙|
① 가로줄의 각 칸에 주어진 수가 한 번씩만 들어갑니다.
② 세로줄의 각 칸에 주어진 수가 한 번씩만 들어갑니다.
③ 굵은 선으로 나누어진 부분의 각 칸에 주어진 수가 한 번씩만 들어갑니다.

1, 2, 3, 4

06 가쿠로 퍼즐의 |규칙|에 따라 빈칸에 알맞은 수를 써넣으시오.

|규칙|
① 색칠한 삼각형 안의 수는 삼각형의 오른쪽 또는 아래쪽으로 쓰인 수들의 합입니다.
② 빈칸에는 1에서 9까지의 수를 쓸 수 있습니다.
③ 삼각형과 연결된 한 줄에는 같은 수를 쓸 수 없습니다.

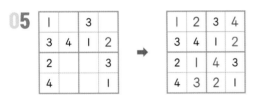

07 체인지 퍼즐의 |규칙|에 따라 처음 모양을 목표 모양으로 바꾸기 위해 눌러야 하는 버튼을 순서대로 ☐ 안에 써넣으시오.

|규칙|
위와 왼쪽의 숫자 버튼을 누르면 그 줄에 있는 모양의 색깔이 모두 반대로 바뀝니다.
○ → ●   ● → ○

08 길이가 각각 2cm, 3cm, 6cm인 막대가 하나씩 있습니다. 세 막대를 사용하여 잴 수 없는 길이를 찾아 ○표 하시오.

2cm   3cm   6cm

4cm   5cm   7cm   ⑩0cm   11cm

22   23

05

1		3	
3	4	1	2
2			3
4			1

➡

1	2	3	4
3	4	1	2
2	1	4	3
4	3	2	1

06 삼각형과 연결된 한 줄에는 같은 수를 쓸 수 없으므로, 6을 2와 4로, 5를 2와 3으로 가르기 해 봅니다.

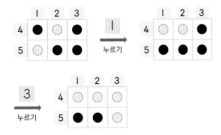

07 먼저 처음 모양과 목표 모양이 어떻게 달라졌는지 알아보고, 눌러야 하는 버튼을 찾아 퍼즐을 해결합니다.

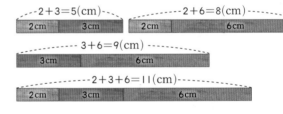
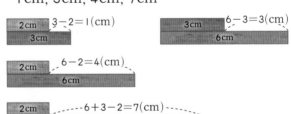

08
· 막대 1개로 잴 수 있는 길이: 2cm, 3cm, 6cm
· 막대를 옆으로 나란히 이어 붙여 잴 수 있는 길이:
5cm, 8cm, 9cm, 11cm

2+3=5(cm)
2cm 3cm

2+6=8(cm)
2cm 6cm

3+6=9(cm)
3cm 6cm

2+3+6=11(cm)
2cm 3cm 6cm

· 막대를 위 아래로 이어 붙여 잴 수 있는 길이:
1cm, 3cm, 4cm, 7cm

2cm 3-2=1(cm)
3cm

6-3=3(cm)
3cm
6cm

6-2=4(cm)
2cm
6cm

6+3-2=7(cm)
2cm
3cm 6cm

따라서 세 막대를 사용하여 잴 수 없는 길이는 10cm입니다.

총괄평가 Lv.② 응용A

09 1g, 3g, 7g짜리 추가 1개씩 있습니다. 추를 양팔 저울의 양쪽에 올려놓을 수 있을 때, 잴 수 있는 무게는 모두 몇 가지인지 구해 보시오. 10가지

10 다음 거울에 비친 시계는 40분이 늦습니다. 정확한 시각은 몇 시 몇 분입니까? 3시 50분

24

정답과 풀이 47쪽

09 잴 수 있는 무게는 최소 1g, 최대 11g이므로 각 무게별로 잴 수 있는 방법을 찾아봅니다.

무게(g)	식	무게(g)	식
1	1	7	7
2	3−1=2	8	1+7=8
3	3	9	3+7−1=9
4	7−3=4	10	3+7=10
5	×	11	1+3+7=11
6	7−1=6		

따라서 잴 수 있는 무게는 1g, 2g, 3g, 4g, 6g, 7g, 8g, 9g, 10g, 11g으로 모두 10가지입니다.

10 거울에 비친 시계는 3시 10분을 나타냅니다. 이 시계는 40분이 느리므로 정확한 시각은 3시 50분입니다.

MEMO

MEMO

MEMO